図解入門
How-nual
VisualGuideBook

よくわかる
最新**自動車**の
基本と**仕組み**

自動車のメカニズムを基礎から学ぶ

自動車の常識［第2版］

玉田 雅士　藤原 敬明　著

秀和システム

●注意
(1) 本書は著者が独自に調査した結果を出版したものです。
(2) 本書は内容について万全を期して作成いたしましたが、万一、ご不審な点や誤り、記載漏れなどお気付きの点がありましたら、出版元まで書面にてご連絡ください。
(3) 本書の内容に関して運用した結果の影響については、上記(2)項にかかわらず責任を負いかねます。あらかじめご了承ください。
(4) 本書の全部または一部について、出版元から文書による承諾を得ずに複製することは禁じられています。
(5) 本書に記載されているホームページのアドレスなどは、予告なく変更されることがあります。
(6) 商標
　　本書に記載されている会社名、商品名などは一般に各社の商標または登録商標です。

はじめに

　新しく自動車を購入しようとカーディーラーに行ってカタログをもらってきたはいいが、カタログの専門用語が多くて内容がよく理解できなかったという経験はありませんか？　私の周りにも、世間の評判やディーラーの担当者の言葉だけを信用して、100万円以上もする買い物をしている人が多いのには驚きます。カタログにあるデータを比べるだけでも、それぞれの自動車の性能を比較し、自分に合った自動車を選ぶことは可能です。そのためにも、専門用語の意味や数値データの意味くらいは知っておきたいものです。

　本書は、自動車に応用されている基本的な技術から、自動車の構造、仕組みをイラストや写真を取り入れてわかりやすく説明しました。自動車のリサイクルに携わる立場から、自動車の周辺環境を取材し、これからの自動車を取り巻く社会環境についても付記しました。

　2008年にアメリカで起きたサブプライムローン問題に端を発した、金融不安による日本国内外の自動車販売の落ち込みが、世界一の自動車メーカーとなったトヨタをはじめとする自動車メーカーやその関連企業を揺さぶり、私たちの生活にも大きな影を落としたことは、日本の経済において自動車産業がいかに大きな位置を占めているかを、あらためて気付かせてくれました。

　原油の高騰によって、ガソリン価格が1リットル200円にも迫りましたが、「環境にやさしい車＝経済的な車」ということで、ハイブリッド車や電気自動車などのエコカーが人気を集めています。さらに、ETCをはじめとする高度道路交通システムは、経済的で安全な自動車ライフを目指して着々と進行しています。"自動車"は、これまでにない大きな転換点に差し掛かっているのです。

　この本を読んで、自動車に関して、これまで見聞きしたことのない情報が得られ、自動車についての理解を深めていただければ幸いです。

　最後に、本書の執筆や改訂に際し、多くの方々に取材させて頂いたことを、私なしに理解して文章にし、図解化させて頂きました。この場を借りて、お礼を申し上げます

2009年3月

玉田　雅士
藤原　敬明

How-nual 図解入門

よくわかる 最新自動車の基本と仕組み

CONTENTS

はじめに ……………………………………………………………………3

第1章　自動車の基礎 …………………………9

- 1-1　自動車の諸元表 ……………………………10
- 1-2　装備一覧表と環境仕様 ……………………12
- コラム　排出ガス認定レベル …………………13
- 1-3　寸法図と各部の名称 ………………………14
- 1-4　自動車の歴史1 ……………………………16
- 1-5　自動車の歴史2 ……………………………18
- 1-6　日本の自動車の歴史1 ……………………20
- 1-7　日本の自動車の歴史2 ……………………22
- 1-8　日本の乗用車メーカー ……………………24
- 1-9　主要国の自動車産業 ………………………28
- コラム　トヨタ改名の理由 ……………………34

第2章　エンジンの基礎 ………………………35

- 2-1　どうやって進むのか ………………………36
- 2-2　エンジンの種類 ……………………………38
- 2-3　4サイクルエンジンとは …………………40
- 2-4　ディーゼルエンジン ………………………42

2-5	ロータリーエンジン	44
2-6	2サイクルエンジン	46
2-7	ハイブリッドシステム	48
コラム	プリウスの海外人気	52

第3章　4サイクルエンジンの構造と性能 …… 53

3-1	4サイクルガソリンエンジンの構造	54
3-2	燃焼室	56
3-3	シリンダーの性能	58
3-4	ボアとストローク	60
3-5	ピストンの構造	62
コラム	ピストンリング	63
3-6	ピストンの工夫	64
3-7	クランク機構	66
3-8	クランクシャフト	68
3-9	シリンダー配列	70
3-10	バルブとカム	72
コラム	バルブ数と性能の関係	73
3-11	バルブシステムの駆動	74
3-12	吸気効率のアップ	76
3-13	エンジンの性能	78
コラム	モーターで動く自動車	80

第4章　エンジンの補助装置 …… 81

4-1	エンジンの冷却方式	82
4-2	水冷装置	84
コラム	空冷へのこだわり	85

4-3	潤滑システム	86
4-4	エンジンオイル	88
4-5	エンジン電装	90
4-6	発電機とバッテリー	92
4-7	点火システム	94
4-8	吸気システム	98
4-9	過給装置	100
4-10	燃料システム	102
4-11	電子制御燃料噴射装置	104
4-12	排気システム	106

第5章 駆動と変速 …109

5-1	駆動方式とレイアウト	110
5-2	クラッチ	112
5-3	マニュアルトランスミッション	114
5-4	オートマチックトランスミッション	116
5-5	CVT	118
5-6	ディファレンシャルギヤ	120
5-7	プロペラシャフト	122
5-8	4WD	124
コラム	減速比	126

第6章 ステアリングとブレーキ …127

6-1	曲がるための装置	128
6-2	ステアリング装置	130
6-3	ブレーキ	132

6-4	ABS		134
6-5	サスペンション		136
6-6	フロントサスペンション		138
6-7	リアサスペンション		140
6-8	タイヤとホイール		142
6-9	4WS		144
コラム	未来の乗り物		146

第7章 安全性と快適性 ... 147

7-1	ボディー構造		148
7-2	灯火装置		150
7-3	シートとシートベルト		152
7-4	エアバッグ		154
7-5	GPSナビ		156
コラム	アンダーステアとオーバーステア		157
7-6	ウィンドウガラス		158
7-7	LEDライト		160
7-8	自動車の乗り心地		162

第8章 進歩する自動車 ... 165

8-1	最新の自動車と開発中の技術		166
8-2	可変バルブタイミング		168
8-3	リーンバーンエンジンと直噴システム		172
8-4	天然ガス車とLPG車		174
8-5	エタノール車		176
8-6	燃料電池自動車		178

8-7	二次電池	180
8-8	電気自動車	182
8-9	高度道路交通システム	184
8-10	安全運転支援システム	188
8-11	自動車のリサイクル	190

付録 環境への負荷が少ない自動車 ……… 193

索引 ……… 205

自動車の基礎

自動車のカタログをどのように見れば理解できるのか、自動車はいつ発明されてどのように変化してきたのか、主要諸外国の自動車事情はどうなっているのかなどを説明します。

1-1　自動車の諸元表

　自動車を購入しようと考え、カーディーラーでカタログをもらってきたけれど、知らない横文字や専門的な用語がよく理解できない。自動車のことを知るために、まずはこのカタログを見てみることにしましょう。

■ 自動車の性能は諸元表を見る

　自動車用カタログで最後のページにあるのが**諸元表**（しょげんひょう）です。諸元表は、自動車の仕様書で、自動車のボディタイプや寸法、性能などがグレードごとにまとめられています。

　諸元表は専門用語と数値データが並んでいるだけでわかりにくい部分です。しかし、実際に多くの自動車に乗って運動性や経済性を確認できないのですから、諸元表やそのほかの仕様表に書かれている数値や機能などを元にして自動車の比較をすることになります。なお諸元表は、自動車の製造の認可を受けるためにメーカーが国土交通省に提出する自動車型式指定申請書に記載する数値を表したもので、車検書にも記載されています。内装や外装がどんなに変わっても、原則的に諸元表の数値を変えるような改造はできません。

■ 諸元表の構成

　カタログ*の諸元表には、車両型式のほか、重量や性能（最小回転半径、燃料消費率）、寸法、乗車定員、エンジン（種類、総排気量、最高出力、最大トルクなど）、ステアリング方式、サスペンション方式、ブレーキの種類、駆動方式、変速比、減速比が車種ごとに記載されています。

　自動車の走りを楽しみたいときには、エンジンやサスペンションに注目します。最高出力*は、エンジンで発生可能な仕事量の最大値です。最大トルクとはエンジンが発生させる力のことで、軸を回そうとする力（軸出力）のことです。同じ坂道でも最大トルクの発生する回転数によっては、低回転で登ることができます。このほか、エンジンの種類や排気量、内径×行程などがエンジンの性格を示すことになり、自動車の性格にも大きくかかわることになります。

＊**カタログ**　トヨタカローラ（フィールダー）を例にした。
＊**最高出力**　最高出力の示方は、PS/rpm からkW/rpmに変更されつつある。rpmは回転数の単位。

1-1 自動車の諸元表

■諸元表の例■

			2WD		4WD
			1.5X		
			Super CVT-i	5速マニュアル	Super CVT-i
車両型式・重量・性能					
車両型式			DBA-NZE141G-AWXNK	DBA-NZE141G-AWXNK	DBA-NZE141G-AWXNK
車両重量(kg)			1,200	1,170	1,280
車両総重量(kg)			1,475	1,445	1,555
燃料消費率	10・15モード走行 (国土交通省審査値) (km/L)		18	17.2	15
最小回転半径(m)			5.1		5.2
寸法・乗車定員					
全長(mm)			4,420		
全幅(mm)			1,695		
全高(mm)			1,480		1,490
ホイールベース(mm)			2,600		
トレッド	フロント(mm)		1,480		
	リア (mm)		1,465		
最低地上高(mm)			160		155
室内	長(mm)		1,950		
	幅(mm)		1,440		
	高(mm)		1,205		
乗車定員(名)			5		
エンジン					
型式			4,420		
種類			直列4気筒DOHC		
内径×行程(mm)			75.0×84.7		
圧縮比			10.5		
総排気量(L)			1.496		
最高出力（ネット） W[PS]/r.p.m			81[110]/6,000		77[105]/6,000
最大トルク（ネット） Kgf・m]/r.p.m			140[14.3]/4,400		135[13.8]/4,400
燃料供給装置			EFI（電子制御式燃料噴射装置）		
燃料タンク容量(L)			50		
使用燃料			無鉛レギュラーガソリン		
ステアリング・サスペンション・ブレーキ・駆動方式					
ステアリング			ラック＆オピニオン		
サスペンション	フロント		マクファーソンストラット式コイルスプリング		
	リア		トーションビーム式コイルスプリング		ダブルウィッシュボーン式コイルスプリング
ブレーキ	フロント		ベンチレーテッドディスク		
	リア		リーディングトレーリング式ドラム		
駆動方式			前輪駆動方式		四輪駆動車
変速比・減速比					
第1速				3.545	
第2速				1.904	
第3速			2.386〜0.411	1.233	2.386〜0.411
第4速				0.855	
第5速				0.725	
後退			2.505	3.25	2.505
減速比			5.698	4.312	5.698

車の車両型式とは、車種、グレードに対して付けられる記号で管理上使われることが多い。

車のサイズや乗車定員を見る。車の外観や内部の様子については、カタログの別頁参照。

エンジンの大きさは総排気量を見る。一般に排気量が大きい程パワーが大きいが、回転数とトルクの関係等によってエンジンの性格が変わってくる。

足回りの特徴はサスペンションを見る。駆動方式では２ＷＤか４ＷＤかなどをチェックする。

1 自動車の基礎

1-2 装備一覧表と環境仕様

　自動車のカタログで、諸元表の前ページのあたりにあるのが装備一覧表です。諸元表が自動車の骨格の仕様とすると、装備一覧表には、その自動車の内装や外装、オーディオや空調など、自動車の肉や皮の仕様が記されています。自動車を選ぶ場合に諸元表よりも参考にする部分かも知れません。

装備は装備一覧表で

　装備一覧表には、カタカナやアルファベットの名前の装備が多く並んでいます。これらの装備は、オプションになっているものがほとんどで、自動車を購入する場合には、実際の装備を見てから選ぶようにします。

　足回りの装備としては、アルミホイールが代表的です。きれいでかっこいいため、装備している自動車も多くあります。また、軽量化によって燃費の向上にも一役買っています。

　外装では、紫外線を軽減するUVカットガラスや空気抵抗を減らすためのスポイラーなどがあります。内装には、助手席などのエアバッグが装備品になっています。

　このほか、オーディオやエアコン、カーナビゲーションシステムなどは人気の高い装備です。

環境仕様表

　かつて環境破壊、公害の権化のようにいわれた自動車は、今ではユーザーの意識変化もあって、環境に配慮しなければ購入対象にはならなくなっています。したがって、カタログにも環境に対する項目が載るようになりました。

　環境仕様表には、燃料消費率や二酸化炭素（CO_2）の排出量、排出ガス中に含まれる有害物質（CO、NOxなど）の量、車外騒音量、エアコンの冷却媒体の種類のほか、リサイクルについての項目が載せられています。

1-2 装備一覧表と環境仕様

■環境仕様■

車両型式		DBA-NZE141G -AWXNK 1.5L・2WD・CVT車	DBA-NZE141G -AWMNK 1.5L・2WD・MT車	DBA-NZE144G -AWXNK 1.5L・4WD・CVT車	DBA-ZRE142G -AWXEK 1.8L・2WD・CVT車	DBA-ZRE144G -AWXEK 1.8L・4WD・CVT車
10・15モード燃費 (国土交通省審査値)		18.0	17.2	15.0	16.8	14.4
主要燃費向上対策	可変バルブタイミング	○(吸気)	○(吸気)	○(吸気)	○(吸排気)	○(吸排気)
	電動パワーステアリング	○	○	○	○	○
	充電制御	○	○	○	○	○
	自動無段変速機	○		○	○	○
CO_2排出量 (kg/km)		0.129	0.135	0.155	0.138	0.161
エアコン冷媒使用量(冷媒の種類)		440g (代替フロンHFC134-a)				
環境負荷物質使用量の削減						
環境負荷物質の使用量	鉛	自工会自主目標達成(1996年比1/10以下)				
	水銀	自工会自主目標達成(2005年1月以降使用禁止)				
	カドミウム	自工会自主目標達成(2007年1月以降使用禁止)				
	六価クロム	自工会自主目標達成(2008年1月以降使用禁止)				
排出ガスと車外騒音						
排出ガス認定レベル(国土交通省)		SU-LEV				
排出ガス認定レベル値 (g/km)	CO	1.15				
	NMHC	0.013				
	NOx	0.013				
適合騒音規制レベル		加速騒音規制値:76dB-A				
リサイクル関係						
リサイクル性に優れた素材を使用した部品	TSOP	バンパー、カウルルーバー、インストルメントパネル、コンソール、ピラーガーニッシュ、ドアトリムアッパー等				
	TPO	ウインドシールドモール、ルーフモール、ドアガラスラン、バックウインドゥモール等				
	TPU	インストルメントパネルアッパー表皮				
樹脂、ゴム部品への材料表示		あり				
リサイクル材の使用		インストルメントパネル遮音材(PETフェルト使用)				

COLUMN 排出ガス認定レベル

　国土交通省では、低排出ガス車認定制度によりNOxなどの有害物質の排出に関し、技術指針を示し、その規制値をクリアしている自動車に対しては段階ごとに認定をしています。平成17年排出ガス基準に対応した低排出ガス車の認定を受けると、その低減レベルによって2種類(50％低減、75％低減)のステッカーが添付できます。

　さらに平成22年度の燃料基準を達成した車と、その基準を5％以上上回って達成した車には燃費性能用のステッカーが添付されます。この2種類の基準の達成具合によっては、自動車税が最大で50％程度軽減され、自動車所得税が最大で30万円程度控除されています。

1-3 寸法図と各部の名称

　自動車の図面でのデザインと寸法は、カタログの寸法図を見るとわかります。寸法図は、メーカーによっては、四面図として表示されていることもあり、前面と後面、側面と上から見た図の4つからなり、この図にミリメートル単位の寸法が記述されています。

■ 寸法図は自動車の基本図面

　寸法図に記載されている寸法は、自動車の外寸で、それぞれ最長の部分です。ただし、ドアミラーやアンテナなどは含まれません。

　寸法によって自動車の区分が分けられています。日本車の場合、**軽自動車**＊とは、全長3.4m以下、全幅1.48m以下、全高2.0m以下、排気量660cc以下となっています。さらに、**小型自動車**＊は、全長4.7m以下、全幅1.7m以下、全高2.0m以下、排気量2,000cc以下です。これよりも大きなものが**普通自動車**とされます。

　側面図で、前輪と後輪のそれぞれの中心間の距離を**ホイールベース**といいます。前後面図で、左右のタイヤ間の距離を**トレッド**といいます。

■ 自動車各部の名称

　自動車の各部の名称には、カタカナ名が非常に多く、中には馴染みのないものも多くあります。自動車ディーラーや修理工場で、説明を聴くときや修理などを依頼するときに、名称がわからず、「あそこ」とか「ここ」とか言うしかなく、戸惑うこともあります。

　乗用車はどれも基本的に同じ形をしているため、各部の名称はどの乗用車にも当てはまります。基本的な部分は覚えておくとよいでしょう。

　なお、前方にあるものにはフロント、後方のものにはリアが最初に付いています。トレッドを例にあげると、フロントトレッド、リアトレッドといった具合です。

＊**軽自動車**　　排気量が660cc以下の自動車をいう。
＊**小型自動車**　排気量が2000cc以下の自動車をいう。

1-3 寸法図と各部の名称

■車両寸法図と各部の名称■

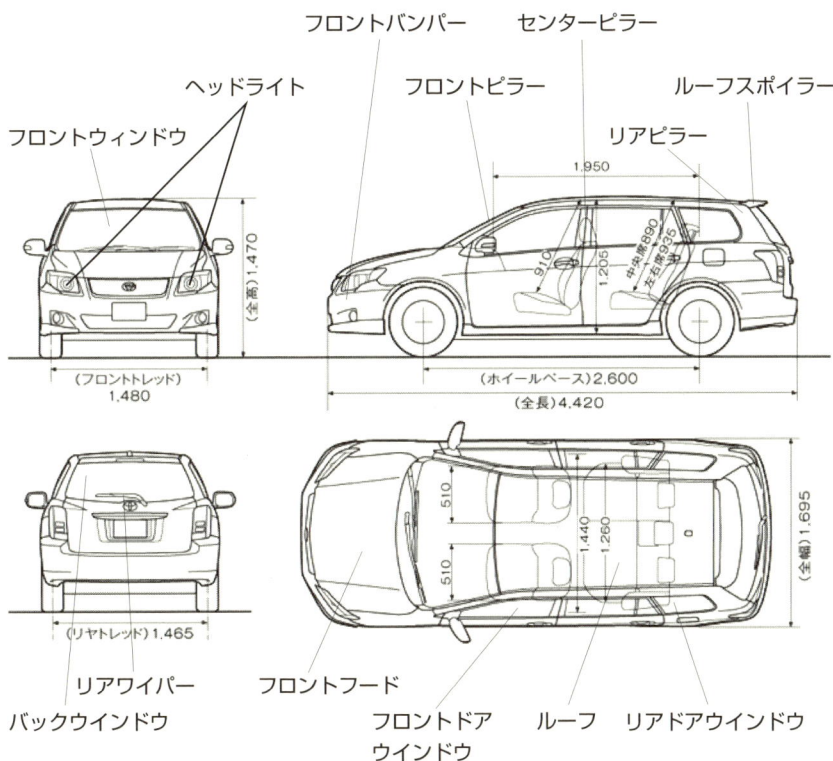

ホイールベース	前輪中央から後輪中央までの距離。
トレッド	後ろから車両を見たときの左右タイヤの中央間の距離。
最低地上高	水平に自動車が停止している状態での地面から自動車車体の最も低い位置までの距離。

1 自動車の基礎

1-4 自動車の歴史 1

　現代人の生活に、なくてはならない乗り物、または運送機関である自動車。その発展の歴史を見ると、時代の最先端であった技術が自動車に応用されてきたことがわかります。自動車の誕生といえるのは、産業革命期に発明された蒸気機関が馬車に取付けられたものでした。

■ 蒸気で動く自動車

　自動車（Automobile）のアイデアは、レオナルド・ダビンチのスケッチにもあるように、15世紀ごろからありました。

　実際の自動車として形になったのは、蒸気機関を動力として搭載したものでした。1869年、フランスの**ニコラス・キューニョー**は、木製の車体の前面にボイラーを備えた**蒸気ワゴン**を開発しました。しかし、この自動車は蒸気機関の重量があり過ぎたため制御が困難でした。さらに、この新しい乗り物には、馬車引きの団体などから様々な規制がかけられ、最終的には、蒸気機関車として鉄道を走るようになっていきました。

■ ガソリンエンジンの誕生

　19世紀になると、フランスの**フィリップ・レボン**により、空気と石炭ガスの混合物を燃焼させてパワーを得る機関が発明されます。

　その後、様々な試行を経て、ついに1862年、フランスの**アルフォンセ・ボー・ド・ロシャ**によって、現在の4サイクルエンジンの原理が考案され、1876年にはドイツの**ニコラス・アウグスト・オットー**が、この原理を使って4ストロークのガスエンジンを製作しました。

　ガソリンを使った4サイクルエンジンは、オットーの会社にいた**ゴットリープ・ダイムラー**が**ウィリヘルム・マイバッハ**の協力によって開発しました。このエンジンは1883年に特許を取得しています。

　最初の4サイクルガソリンエンジンは、木製の二輪車に搭載されていました。

■自動車以前の乗り物■

自動車以前の乗り物の動力は馬など。

写真提供：トヨタ博物館

1869年フランスのニコラス・キューニョーは、砲車をけん引するための蒸気ワゴン車を作った。これが史上初の自動車で、時速9kmで走った。

▼世界初の自動車

写真提供：トヨタ博物館

年	できごと
1869	ニコラス・キューニョーが世界初の蒸気ワゴンを製造。
1886	ダイムラーが世界初のガソリン自動車製造。
1889	世界初の自動車会社（パナール・ルパッソール社）設立。
1892	ルドルフ・ディーゼル、ディーゼルエンジン完成。
1893	フォード、試作車完成。
1894	世界初の自動車レース（仏）。
1899	イタリア、フィアット設立。
1899	電気自動車が世界で初めて時速100kmを記録する

1-5 自動車の歴史2

ゴットリープ・ダイムラーがガソリンによる4サイクルエンジンを開発していたまったく同時期、わずか数十マイル離れた場所で、実用的な自動車の研究に没頭していたのが、カール・ベンツでした。ダイムラーとベンツは、自動車の父といわれています。

世界最初の自動車

現在と同じようなガソリンを燃料とするエンジンを搭載した世界最初の実用的な自動車は、1886年に発明されています。**ダイムラー**と**ベンツ**、それぞれ別々に成し遂げた発明でした。

ベンツによる自動車は、排気量約950ccの水冷1気筒4サイクルエンジンを搭載した、覆いも屋根もない1人乗りの3輪の自動車でした。

それぞれが創設した自動車会社は、1926年に合併しますが、この2人、一度も顔をあわせたことがなかったといわれています。

その後、ヨーロッパを中心に現在の自動車に通じる重要な発明が行われていきます。**ロバート・ボッシュ**（独）が、磁石発電機を用いた火花点火方式を完成（1887）しました。**ウィリヘルム・マイバッハ**（独）が、現在のものとほとんど同じ機能を備えた霧吹き式のキャブレターを発明（1893）しました。このようにガソリンエンジンの基本は19世紀末にほぼ確立されていたのです。現在では、フルトランジスタの火花点火方式と電子燃料噴射装置になりました。

フォードの大量生産

量産されたといっても19世紀中は、自動車は富裕層の乗り物でした。はじめての大衆車は、1908年アメリカで誕生しました。その自動車が、**ヘンリー・フォード**によって製造された**T型フォード**です。

ヘンリー・フォードは、自動車を発明したわけではないのですが、ラインによる流れ作業によって、それまでの自動車の価格を10分の1にまで引き下げ、自動車の普及に大きく貢献したのです。

1-5 自動車の歴史2

■自動車の歴史■

▼世界初の実用的な自動車

写真提供：トヨタ博物館

ベンツのパテントモトールヴァーゲン。1人乗りの3輪車だった。(1886)

▼ベンツの量産型

写真提供：トヨタ博物館

史上初の量産型自動車。2段変速が可能で時速21km。車名は「ヴェロ」。

▼フォードのT型モデル

写真提供：トヨタ博物館

▼T型フォードのエンジン

当時の最新技術であった一体式のシリンダーブロック構造をしている。前面に手動のスターターが付いている。(1917)

年	できごと
1904	ロールスロイス誕生。
1906	ルマン開催。優勝はルノー。
1908	GM設立（米）。
1912	セルフスターター登場。
1924	クライスラー設立。
1926	ダイムラーとベンツが合併。ダイムラー・ベンツに。
1938	フォルクスワーゲンの1号車完成。

1-6　日本の自動車の歴史1

　現在では主要となった日本の自動車産業。その歴史は、幕末にさかのぼります。1855年には見よう見まねで、蒸気を動力とする模型を作っています。黒船によって一気に押し寄せた西洋の最新技術、そのからくりを1つひとつ解きあかすところから日本の技術は始まったのです。

■ 日本初の自動車

　幕末から明治にかけては、西洋の進んだ技術を輸入していました。もちろん、その中にはエンジンもあり、ガスエンジンも早くから知られていました。1892年には、国内初のガスエンジンが製作されています。

　当時日本では、自動車の開発、製造を行う力はなく、もっぱら輸入したモーターで動く電気自動車や蒸気自動車、ガソリンエンジンなどを珍しがっていた程度でした。国産としては、アメリカ製のエンジンを搭載した双輪商会の自動車が第1号といわれています（1905）。

■ 日本の自動車メーカーの起こり

　明治後期から大正にかけては、日本でも自動車会社が設立され、この中で最初のガソリン自動車（**吉田式タクリー号**）も作られました（1907）。

　1912年には、快進社から自動車が発売されました。1915年、この流れをくむダット自動車製造がDAT車（脱兎号）発売。その後、ダット自動車は戸畑鋳物に買収され、戸畑鋳物と日本産業が共同出資して設立された自動車製造が1934年に**日産自動車**となります。ちなみに、この年にはドイツでポルシェ博士が水平対向空冷エンジンを創作していました。

　その後、GMやフォードなどの外国の自動車メーカーも日本法人を設立し、日本市場に進出してきました。1935年にはトヨタ＊1号車が完成し、1936年に自動車製造事業法が施行され、トヨタと日産が国内初の許可会社となりました。

＊トヨタ　創業当時の名称は、創業者の豊田（とよだ）氏の名前から「トヨダ」。現在の「トヨタ」に改名したのは1936年。

1-6 日本の自動車の歴史1

■日本の自動車の歴史（19世紀～1945年まで）■

年	できごと
1897	エブリハイム、蒸気自動車を結輸入、販売。
1898	ガソリン車、初の輸入。
1907	国内初のガソリン自動車「タクリー号」完成。
1912	ダット1号完成。
1913	国内最初のタクシー会社設立（東京、有楽町）。
1917	三菱造船、石川島造船所、乗用車の試作開始。
1933	豊田自動織機、自動車部を設立。
1935	トヨダ　G1型製造。

■黎明期の日本車■

▼吉田式タクリー号

写真提供：トヨタ博物館

「自動車の宮様」こと有栖川宮威仁親王殿下の命を受けて、国産化された最初のガソリン自動車（1907）。

▼トヨダトラックG1型

写真提供：産業記念館

トヨタが最初に作ったのは、トヨダトラックG1型だった。（1935）エンジンは、直列6気筒OHV。(3,389cc,65HP/r.p.m)なお、この翌年に作られた豊田最初の乗用車（トヨダ　AA型）のエンジンにも同じエンジンが搭載されてた。

▼ダットサン16型セダン

写真提供：トヨタ博物館

ダットサンの名は、前身の快進社の出資者3人の名前（田、青山、竹内）のアルファベットを並べたものに息子（son）を付けたもの。後、sonは損と読めるため太陽（sun）に改名された。

1-7 日本の自動車の歴史2

日本の主要な産業となった自動車産業は、戦後の生産規制を乗り越え、1980年には世界一の生産国となっていきます。その後は、バブルの崩壊や米国との貿易摩擦、冷戦後の世界的な競争、環境問題に対する投資額の増大など、日本の自動車産業も厳しい時期を迎えています。

戦後の復興

　第二次世界大戦で使用するため、おもにトラックが多く製造されることになりますが、敗戦後はトラック以外の生産が認められなくなりました。

　乗用車の生産は、終戦の2年後に年間300台が許可されますが、ガソリン車は登録制でした。この制限は1949年まで続きました。

　1950年に起こった朝鮮戦争の軍事特需によって、米軍向けのトラック生産が活発化し、トヨタ、日産、いすゞの3社に対日援助見返資金融資が実施されます。これ以後、日本の急速な経済発展により、日本の各自動車メーカーは業務提携、資本提携、合併を繰り返しながら、世界トップレベルの技術力を身に付けていくことになります。

世界一の自動車生産国に

　1950年頃の日本の自動車産業は、トラックなどの商用車が中心でしたが、1950年代の中ごろには国産乗用車の生産が2万台を超えました。その後も生産は拡大を続け、1960年代にはイタリアやフランスを上回りました。

　1980年代になると、日本はついに生産台数で世界一になりました。この頃、それまで自動車産業でトップを走っていた米国との間に貿易摩擦問題が起こりました。1982年、ホンダはほかに先駆けて米国での生産を開始し、米国での地位を確かなものにしていきました。

　国内の生産台数は1990年をピークに減りました。現在は1,000万台前後で推移しています。これはバブル崩壊による国内経済の打撃と、現地生産が進んだ結果です。なお、1990年以降も伸びを続けていた自家用車の世帯当たりの**保有率***が2007年にはじめて前年比を下回りました。

***自家用車の保有率**　2007年3月末のデータで、100世帯当たりの保有台数は111台。

1-7 日本の自動車の歴史2

■日本の自動車の歴史（戦後～）■

年	できごと
1945	連合軍指令部覚書によりトラックの生産のみ許可される。
1947	総指令部覚書により年間300台の乗用車の生産が許可される。
1949	乗用車の生産制限解除。
1955	国民車構想出される。
1958	富士重工「スバル360」発表。
1969	トヨタ、日産、生産累計1000万台突破。
1976	ホンダ「アコード」発表。
1985	トヨタ、米国に工場建設をすることを発表。
1990	トヨタ「カローラ」生産1500万台達成。
1996	トヨタ、三菱、直噴エンジン発表。
1997	トヨタ、ハイブリッド車「プリウス」発売。
1999	日産とルノー提携、カルロス・ゴーン氏COOに就任。
2001	トヨタ、ホンダ、燃料電池車の公道走行試験開始。
2002	トヨタ、ホンダ、燃料電池車のリース販売開始。
2005	トヨタ、日本国内に高級車ブランド「レクサス」設立。
2007	トヨタ、GMを抜き生産台数世界一に（約950万台）。

■国内生産された車の推移■

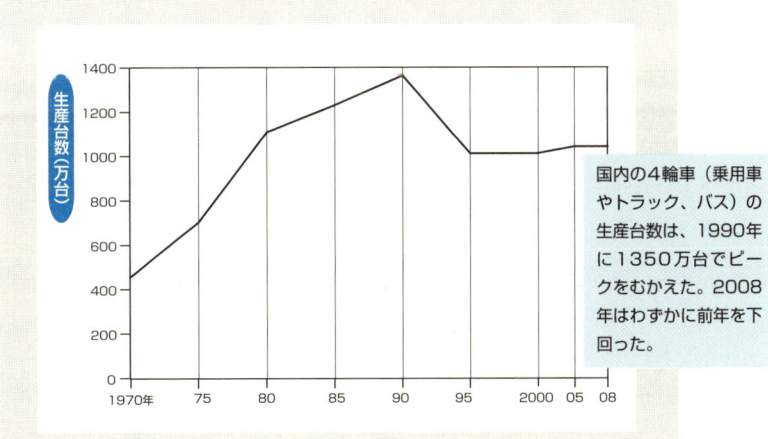

国内の4輪車（乗用車やトラック、バス）の生産台数は、1990年に1350万台でピークをむかえた。2008年はわずかに前年を下回った。

1-8 日本の乗用車メーカー

日本の乗用車メーカーは自動車の歴史でも少し紹介したように、合併や提携を繰り返して来ました。自動車というのは国家の基幹産業であり、その時代や政治の影響を多大に受けて、今日の日本の自動車産業が成り立っているのです。

日本の自動車メーカー

　現在残っている日本の自動車メーカーは、資本力のあった親会社から自動車部門を立ち上げたものがほとんどです。例えば、**トヨタ自動車**は、豊田自動織機製作所（現在の豊田自動織機）にあった自動車部が1937年に分離したものです。**スズキ**も織機製作所から起こっています。**三菱自動車**の最初の量産自動車「三菱A型」は、三菱造船から販売されていました（1917）。**マツダ**は、コルク瓶栓メーカーの設立した機械メーカーから発展したものです。どの会社も親会社の蓄えた資本を、自動車という新分野に投入した結果成功したものなのです。

　今や世界の自動車メーカーは他国の自動車メーカーと業務提携し、お互いに技術を供与しながらも、生き残りを掛けて日夜開発を続けている状況ですが、かつてのプリンス自動車の様に行政の指導によって、日産と合併した例もあります。日本の自動車メーカーにおいても、今後新たな再編が行われる可能性は十分にあります。

トヨタ

　2002年に策定したグローバルビジョンに沿った世界戦略により、2007年ついに生産台数で世界一になったトヨタですが、2008年の原油価格の高騰、世界景気の急激な悪化、そして円高の影響によって、大幅な減収、減益を余儀なくされました。2008年度は、純損益がはじめて赤字となったことで、日本経済にとっても"トヨタショック"と呼ばれる心理作用を及ぼし、株価の急落や雇用の悪化など冷水を浴びせかけられたような状態となりました。

　2009年は、北米市場で不振の大型車から、次世代のエコカーやコンパク

トカーへ開発や生産をシフトしています。

日産

国内第2の自動車メーカー。フランスのルノー出身のカルロス・ゴーン氏の就任以来、デザインも一新され、売上は好調に推移しました。経営再建策の日産リバイバルプランに続き、2002年4月からは日産180（ニッサンワンエイティー）、そして2004年4月からは日産バリューアッププランと、着実に業績を伸ばしています。

2008年にルノーと共同開発した新型のディーゼルエンジンは、高い環境性能と経済性を兼ね備え、国内のディーゼルエンジンに対する負のイメージを払拭することが期待されています。

ホンダ（本田技研工業）

独自の技術を用いた自動車作りが特徴です。海外での収益率では、群を抜きます。

2008年は、サブプライムローン問題とガソリン高騰などにより、販売が減速しました。2009年のF1から撤退をすることを早々に決定しました。

自動車部門のほかに二輪車部門を持っていますが、新しくビジネスジェット機やロボットの市場にも意欲的です。

マツダ

1970年代の経営不振をフォードとの資本提携により乗り切り、2002年には黒字に転換しました。これにより、フォード出身の社長から、再び日本人が社長に就任しました。近年は、ロータリーエンジン搭載車を復活させました。ヨーロッパではデザインに高い評価があります。

三菱自動車工業

外国の自動車メーカーとの資本提携があったり、リコール隠し問題でイメージが悪くなったりで一時は経営の危機も囁かれました。そんな中、新車として投入した軽自動車がヒットし、体質改善も進んでいます。

電気自動車の開発では実証走行試験を終え、2009年には国内で販売が予定されています。環境化への取り組みが問題視されているアメリカの自動車メーカーからもOEM供給を望まれるなど、その期待度は大きいとえます。

スズキ

軽自動車では、国内の3分の1を占めるNO.1のメーカー。独特の開発思想を持ち、GMとの提携によってグローバル戦略も活発化しています。アメリカ等では中型車種も販売しています。

富士重工業

航空機メーカーでもある同社は、独特の水平対向エンジンが特色です。日本のステーションワゴンの草分けでもあるレガシーツーリングワゴンをはじめ、SUVや軽自動車まで扱っています。トヨタグループとの協業化が進み、軽自動車はダイハツからOEM供給されるようになります。

いすゞ自動車

日本の自動車の草分けの1つですが、乗用車はSUV＊を除いて現在では生産を中止しました。ディーゼルエンジンには定評があり、ポーランドでは、ヨーロッパメーカー向けのエンジン生産も行っています。

ダイハツ工業

1998年にトヨタの子会社化によりトヨタグループに入りました。その中でおもに軽自動車を製造していますが、トヨタ車のOEM生産も行っています。ほかの日本車に先駆けて、中国でシャレードの生産を開始しました。

ほかのメーカー

ヤマハ発動機は、完成乗用車メーカーではありませんが、トヨタ車のエンジンを製造しています。日野自動車は、かつてはルノーの影響を受けたRR（リアエンジンリアドライブ）の乗用車（車名「コンテッサ」）を製造していましたが、現在はトヨタ傘下に入ってトラックに特化しています。

＊**SUV** スポーツユーティリティビークル。悪路走破からスポーツ走行までをカバーするカテゴリ。

1-8 日本の乗用車メーカー

■日本の乗用車メーカー■

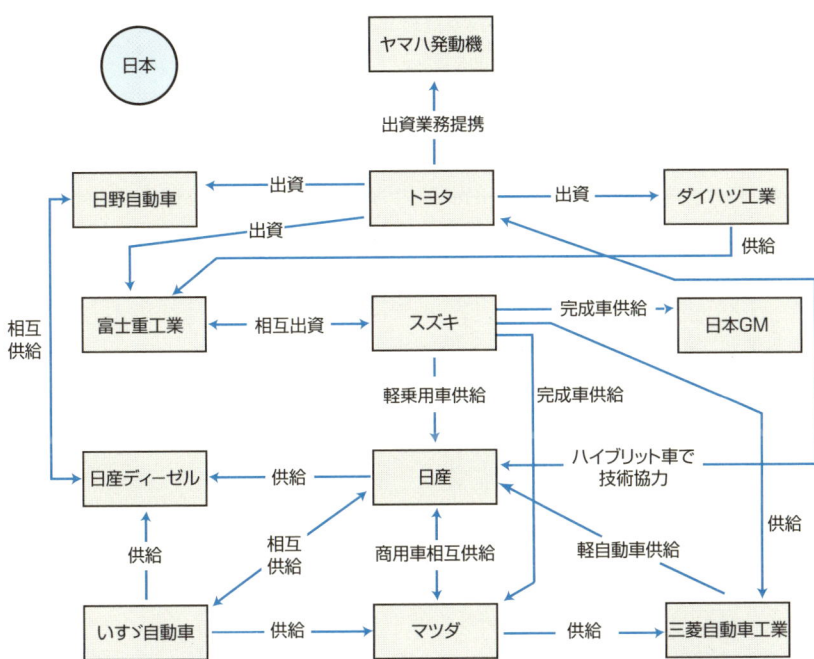

▼スバル360K111型

写真提供：トヨタ博物館

▼日野コンテッサPC10型

写真提供：トヨタ博物館

▼ホンダN360型

写真提供：トヨタ博物館

1-9 主要国の自動車産業

　自動車は、住宅と並ぶ最大の消費財であり、しかも比較的容易に輸出入ができます。したがって、自動車産業はグローバルな巨大産業であり、工業国の主要産業になっています。そして、現在は淘汰の時代となり、各社は生き残るためにしのぎを削っています。

■アメリカ

　アメリカ合衆国は、世界の自動車販売台数の約3割を占める世界最大の自動車市場です。1999年、2000年の販売台数は約1780万台となりましたが、ガソリン価格の高騰や雇用者数の伸び悩みなどからBIG3＊が得意とする大型車の販売が落ち込み、代わって小型車を得意とする日本、欧州、韓国のメーカーがシェアを伸ばしました。

　かつて日本からアメリカへ自動車を輸出していた時代には、事あるごとに貿易摩擦が起こりましたが、近年は現地生産を進め、地元の雇用にも一役かっています。これらの自動車は、親しみを込めてドメスティック（国産車）と呼ばれるようになりました。2007年には、韓国の現代もジョージア州に現地工場を立ち上げています。

　2008年、サブプライムローンに端を発した世界経済の急激な減速により、アメリカ経済の落ち込みが顕著になりました。その波は自動車業界を直撃し、BIG3は経営危機に陥りました。

■カナダ、メキシコ

　カナダの自動車産業は、アメリカと自由貿易協定を結び、BIG3の生産拠点として発展しました。そのため、カナダには国産メーカーはありませんが、日本や欧州の自動車メーカーの工場があります。2007年の生産台数の合計は256万台でした。

　国内自動車市場では、BIG3とフォルクスワーゲン（VW）、日産車が大部分を占めています。

＊**BIG3**　ゼネラルモータース（GM）、フォード、クライスラーの3社のこと。

1-9 主要国の自動車産業

■世界の自動車メーカー提携、委託■

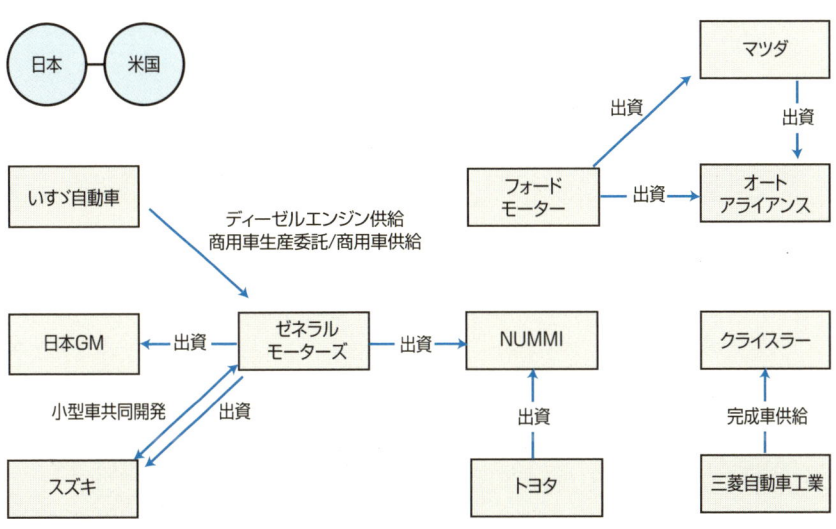

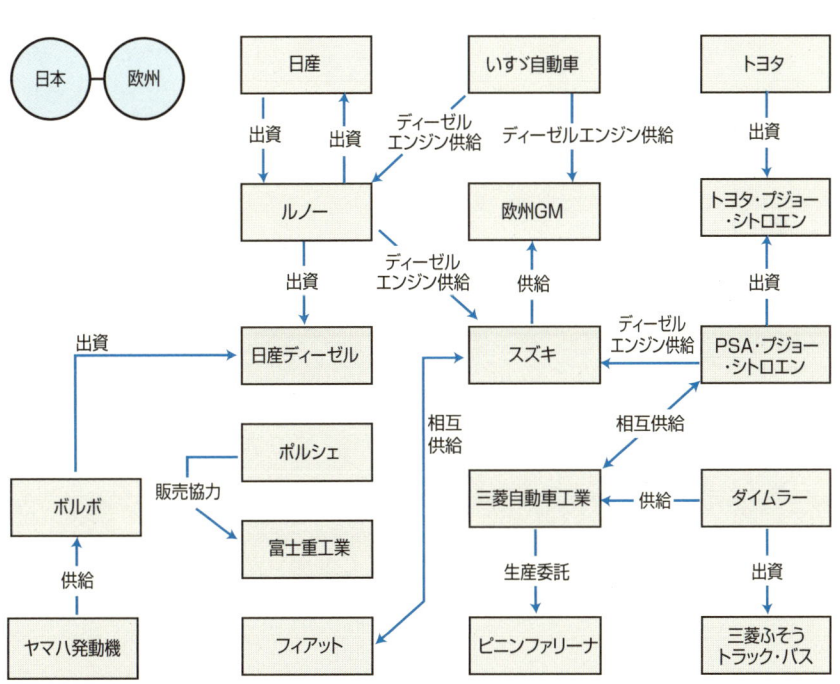

ヨーロッパ

　1992年のEU統合によって出現した巨大な市場は、さらに拡大を続けています。特に中・東欧諸国では好調な販売を続けています。さらにロシアへの拡大を狙っています。

　西欧諸国には、古くからの自動車産業があり、すでに成熟したブランド力を持った自動車メーカーが多くあります。

■ドイツ

　ドイツは西欧市場の約3割、新車の登録第数では約2割を占めるヨーロッパ最大の市場です。

　乗用車新車登録台数は、1999年には380万台程ありましたが、2007年は前年比9.2％減の315万台でした。増加傾向にあった新年登録台数が減少に転じた主な原因は、付加価値税の増税があったようです。

　ヨーロッパでは低コストの千三拠点として、東欧諸国での組み立てが拡大しつつあり、ドイツメーカーは国内での高賃金、高コストを相殺すべく、柔軟な雇用体制を模索しているところです。

　ドイツには、フォルクスワーゲン（VW）、ダイムラー、オペル、BMWなどのブランド力のあるメーカーが多くあります。これらのメーカーの特徴として、国内では研究開発に多くの投資を行っていることがあげられます。

■イギリス

　イギリスは西欧諸国では、ドイツに次ぐ市場規模を持ちますが、生産規模ではドイツ、フランス、スペインに次ぐ第4位となっています。

　世界的に有名なブランドも、2000年までに全てのメーカーが外国資本下となりました。1994年にドイツのBMWが買収したMGローバーは、2000年に再びイギリス資本となりましたが、2005年に経営破たんし、現在、イギリス資本のメーカーはありません。

　一方、日本メーカーでイギリスに生産拠点を設けているのは、トヨタ、日産、ホンダの3社で、日本車のシェアは拡大傾向にあります。

■フランス

2007年のフランスでの総生産台数は302万台で、西欧ではドイツに次ぐ第2位です。新車登録台数は258万台で、ドイツ、イギリス、イタリアに次いで第4位です。

フランスには、ルノーとPSA（プジョーとシトロエンは同一グループ）という2つのメーカーがあります。ルノーは、1999年に日産の株式を36.8％取得し、カルロス・ゴーン氏がCOOとして就任しました。小型ディーゼルエンジンを中心にディーゼル車の需要が2004年には前年比2％増加しました。

■イタリア

2007年の総生産台数は128万台で、生産規模は西欧で第5位となっています。第3位のスペインは、ほかの周辺先進国に比べて、労働コストが安く、外資系メーカーが生産拠点を設けているからです。

イタリア車の魅力は何といっても、そのデザインにありますが、カロッツエリアと呼ばれる自動車デザインをはじめとした、車体組立、最終組立を受託する企業が存在するのが特徴で、イタリアのみならず、フランス車なども手がけています。2007年のカロッツエリアによる総売上は約9億ユーロに達しています。

国内生産の90％以上はフィアットによるものです。傘下には、アルファロメオやランチアがあります。なおフェラーリやマセラッティの株式の半分以上も、フィアットが所有しています。

▼SSジャガー100（イギリス）

写真提供：トヨタ博物館

▼ブガッティ タイプ35B（イタリア）

写真提供：トヨタ博物館

韓国

　財閥主導だった自動車産業は、20世紀末の金融危機によって一気に解体し、現代グループと大宇グループの2社に集約される方向に進みました。その後も外国資本を巻き込んだ買収劇が進み、GMが大宇を、ルノーが三星（サムソン）自動車をそれぞれ買収しました。

　現代（ヒュンダイ）自動車も、2000年にダイムラークライスラーと戦略提携を行いましたが、2004年に解消しています。2004年の自動車の輸出台数は180万台あまりでした。

中国

　世界の自動車メーカーが、今最も注目しているのが中国市場です。

　中国の自動車生産は、旧ソ連の援助によって設立された長春第一汽車で1956年に開始され、1958年には乗用車として初めて東風が完成しています。同年、日本では富士重工がスバル360を発表しています。

　外資系のメーカーの資本、技術導入は1986年の第7次5ヵ年計画のときで、フォルクスワーゲン（VW）、PSA（プジョーシトロエングループ）、ダイハツ、AMC（アメリカンモーターカンパニー）等の生産計画が立ち上がりました。2003年には進出外資系メーカーによる生産台数累積合計は、2180万台あまりとなっています。また、国内では、2010年には700〜1000万台の巨大市場になると予想されています。

　都市部での所得アップに伴い、高級車を購入できる層が拡がりはじめ、トヨタは第一汽車と共同事業展開によって、ランドクルーザー、クラウンといった高級車種の生産をしています。

インド

　10万ルピー（約30万円）の自動車で世界をビックリさせたタタモーターをはじめ、スズキの子会社、マルチスズキや日産と合弁したアショックレイランドなどの自動車メーカーがあります。中国やブラジル同様、毎年高い伸びで生産を拡大しています。

1-9 主要国の自動車産業

■主要国の自動車生産台数■

国	2005年	2006年	2007年
アメリカ	1195	1129	1078
日本	1080	1148	1160
中国	571	728	888
ドイツ	576	582	621
韓国	377	384	409
フランス	355	317	302
スペイン	275	278	259
ブラジル	253	261	297
カナダ	269	257	258
インド	164	202	231
メキシコ	168	205	210
イギリス	180	165	175
ロシア	135	150	166
イタリア	104	121	128
南アフリカ	53	59	53
オーストラリア	39	33	33

ヨーロッパの国々が生産台数を減らすなか、中国、インド、ブラジル、ロシアの伸びが大きいことがわかる。

※単位は100万台

▼インドのタタ社「ナノ」

1 自動車の基礎

1-9 主要国の自動車産業

👉COLUMN　トヨタの創始者と創設者

豊田佐吉（1867～1930年）
トヨタの源流である豊田自動織機製作所を創始。発明王と呼ばれる。トヨタでは佐吉を創祖と呼び敬慕する。

豊田喜一郎（1894～1952年）
トヨタ自動車工業株式会社設立の立役者。現在、トヨタでは、喜一郎のことを創設者と呼ぶ。

👉COLUMN　トヨタ改名の理由

豊田佐吉の発明した自動織機の特許を売った資金を元にして、豊田（とよだ）自動織機製作所内に自動車部が作られました。そのため自動車名は、トヨダトラックG1型（1935）、翌年には乗用車のトヨダAA型を発売しています。

ここまでの自動車名で気付くように最初は、トヨダ自動車だったのですが、自動車部が分離した1937年に社名をトヨタ自動車としました。創業者の名前と会社名を分けたいという理由と、カタカナで書いたときに画数が8画となり、末広がりで縁起がよいというのが理由だったといいます。

第2章

エンジンの基礎

現在多くの自動車には、4サイクルエンジンやディーゼルエンジンが搭載されています。ここでは、自動車を進めるパワーを作り出すエンジンの種類とその特徴をまとめています。

4サイクルエンジンの構造については、次章を参照してください。

2-1 どうやって進むのか

　自動車が進むためにはタイヤが必要です。この丸い車輪（ホイール）に付けたタイヤが回転することで、自動車は前方あるいは後方に進むことができます。タイヤが路面を転がることで、自動車が進むのです。このタイヤを回転させているのがエンジンです。

■ 自動車の名前の由来

　自動車は、路面を転がる2つの車輪の間に車軸を通し、それを2組以上用意し、その上に車体を載せた乗り物です。その起源は馬車になります。

　自動車と馬車との違いは、自動車は馬が車体を引くのではなく、自動車の車輪を自分で回転させているところです。まさにこれが、自動車という名前の由来になります。したがって、自動車は、車輪を回転させる機構を持った乗り物なのです。

■ タイヤと路面の摩擦で進む

　車輪を回転させることで進むためには、車輪が路面と接する部分で進む方向とは反対方向への力が作用していなければなりません。自動車が前方に進むには、路面を後方に押す力が必要です。エンジンによって回転させられたタイヤは、エンジンの生み出した力を路面に伝え、タイヤが回転したぶんだけ車体は進むことになります。

　このとき、自動車を進めている力は、タイヤと路面との間の**摩擦力**です。アスファルトに大量の水がたまっているときや、氷や雪で路面が非常に滑りやすくなっているときに自動車のタイヤがスリップを起こし、進めなくなったりコントロールできなくなったりすることがあります。自動車はタイヤと路面との摩擦によって進むため、摩擦力が極端に低下すると、走行や操縦ができなくなるからです。

　レーシングカーには溝のない太いタイヤ*が使われます。これはエンジンの力を余すところなく路面に伝え、前進力にするためです。

＊溝のない太いタイヤ　　スリックタイヤのこと。現在、F1では使用禁止になっている。

2-1　どうやって進むのか

■馬車と自動車■

エンジンの代わりの動力として馬の力を利用した。
今でも出力で表す記号はHorse power（馬力）という。

馬車

軌道や架線によらないで走行できるが、動力が異なる。

自動車

原動機（エンジン）の動力によって走行

■進める力■

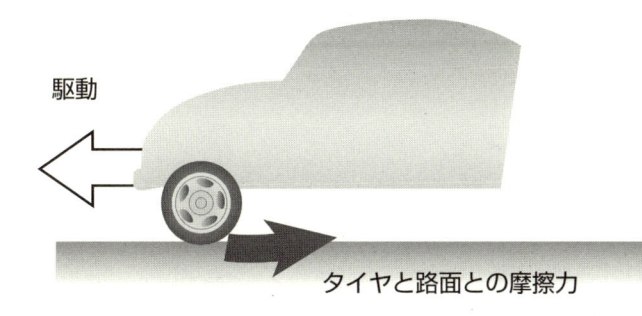

駆動

タイヤと路面との摩擦力

摩擦が極端に小さな路面では、自動車は走行できない。

2　エンジンの基礎

2-2 エンジンの種類

現在、乗用車に使用されているエンジンの大半が4サイクルエンジンです。ガソリンスタンドに行くと、レギュラーガソリンと軽油を自動車によって入れ分けていることがわかります。これらの2つの自動車はエンジンの仕組みが異なるのです。

■ ガソリンで走る車のエンジン

　一般的な乗用車に搭載されているエンジンで最も多いのは**4サイクルガソリンエンジン**です。ガソリンを燃料とするエンジンの1つです。このほか、ガソリンを燃料とするエンジンには、**2サイクルエンジン**があります。かつては軽自動車や小型車に使用されていましたが、近年は排出ガスの問題から、オートバイにおいても減少しています。これらのエンジンは、シリンダー内をピストンが往復運動することでパワーを生み出す構造をしているため、**レシプロエンジン**に分類されます。

■ レシプロエンジンではないエンジン

　レシプロエンジンとは異なった構造をしているガソリンを燃料とするエンジンには、**ロータリーエンジン**があります。このエンジンは、コンパクトで高出力が出せるメリットがある反面、燃費が悪いという特性があり、オイルショックの時期には敬遠されたこともありました。しかし近年改良が進み、新時代のロータリーエンジンが発売されています。なおロータリーエンジンは、構造的に水素エンジンにも向いています。実用化には素材が鍵を握るところです。普及には、水素の供給インフラの整備が鍵となります。

■ ハイブリッドエンジン

　今後、増える見込みのエンジンといえば、**ハイブリッドエンジン**ですが、これは4サイクルエンジンと電気式モーターの組み合わせによるものが主流です。ガソリンエンジンと比較して、20～40万円高いことが普及のネックになっています。

軽油で走る車のエンジン

ディーゼルエンジンも4サイクルエンジンの一種ですが、**ディーゼルエンジン**の燃料は軽油です。4サイクルガソリンエンジンとは、その構造や機能が異なります。ヨーロッパでは高い燃費効率から、乗用車用の小型ディーゼルエンジンが普及しています。

■エンジンと車■

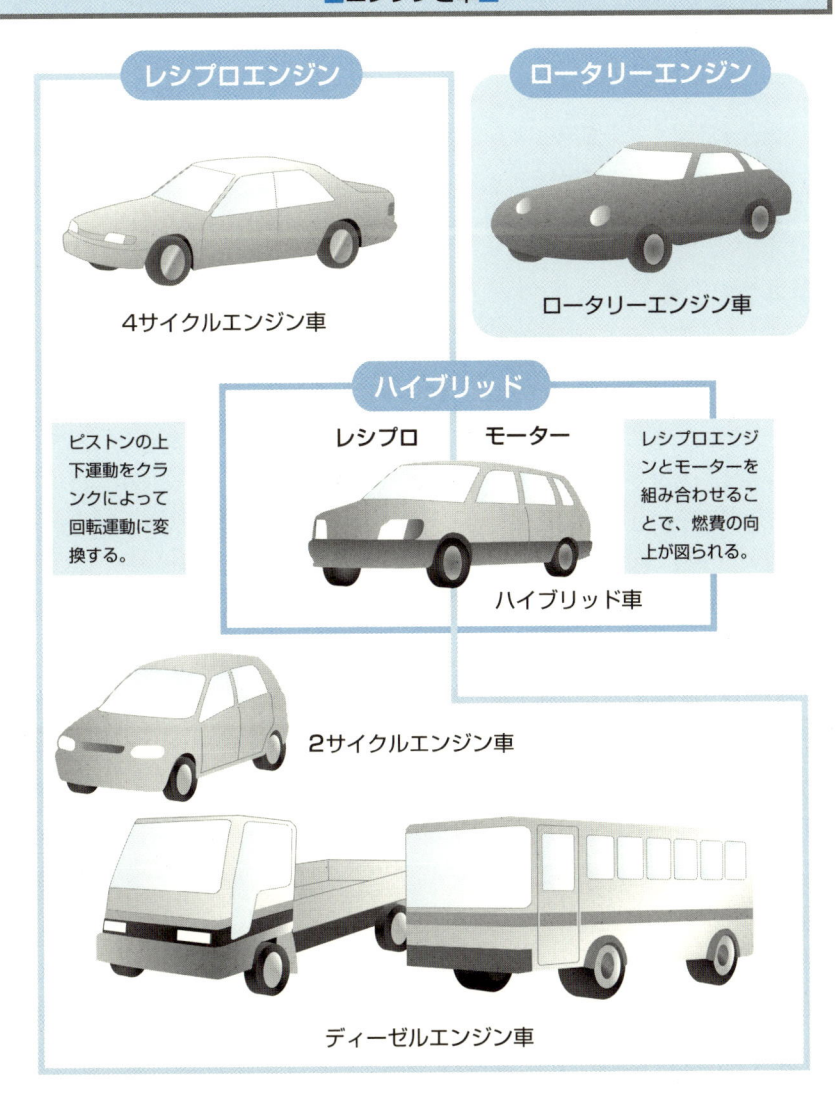

レシプロエンジン

4サイクルエンジン車

ピストンの上下運動をクランクによって回転運動に変換する。

ロータリーエンジン

ロータリーエンジン車

ハイブリッド

レシプロ　モーター

ハイブリッド車

レシプロエンジンとモーターを組み合わせることで、燃費の向上が図られる。

2サイクルエンジン車

ディーゼルエンジン車

2-3　4サイクルエンジンとは

車輪を回転させる力を生み出すための工程が4段階あるエンジンが4サイクルエンジンです。4サイクルエンジンでは、空気と燃料の圧縮した混合気体を燃焼させることで一気に膨張させ、そのときの力を取り出しています。4サイクルガソリンエンジンでは、燃焼に点火プラグが使われます。

4サイクルエンジン

　エンジンは動力（回転力）を発生させる装置です。この動力は、燃料と空気による混合気の爆発によって生み出されます。

　4サイクル（4工程）エンジンでは、**吸気➡圧縮➡膨張➡排気**の1サイクルをピストンの2往復（4ストローク）で行い、動力を得るエンジンです。

4つの工程

　エンジンが動力を生み出す工程の最初は、シリンダー内に空気と燃料を吸い込む**吸気工程**です。ピストンが下降して、混合気をシリンダー内に導きます。

　次に、大きな動力を得るためには、混合気を効率よく爆発させる必要があります。このための工程が**圧縮工程**です。圧縮工程では、ピストンは上昇します。なお、4サイクルエンジンでは、吸気や排気を行うときの気体の出入りと、圧縮と爆発時の気密性を確保するため**バルブ**＊が付けられています。

　混合気が圧縮されると、ガソリンエンジンの場合、**点火プラグ**（スパークプラグ）の電気火花によって混合気に点火＊され、混合気が爆発します。この工程が**膨張工程**（**爆発工程**）です

　このときの膨張力によるピストンの直線運動をクランクによって回転力へと変えることによって出力を得るのです。

　クランクのはたらきによってピストンがシリンダー内を上昇して、燃焼ガスを排気するのが**排気工程**です。これで1サイクルが終了し、続いて吸気工程に戻ります。

＊バルブ　　4サイクルエンジンには普通、シリンダーヘッドに吸気バルブと排気バルブの2種類のバルブが備わっている。バルブの詳しい動作については、第3章を参照。

＊点火　　　ディーゼルエンジンも4サイクルエンジンだが、膨張工程での点火プラグによる点火はない。高温高圧の空気中に燃料を噴射することで自動発火を行う。

2-3 4サイクルエンジンとは

■4サイクル（ガソリン）エンジンの工程■

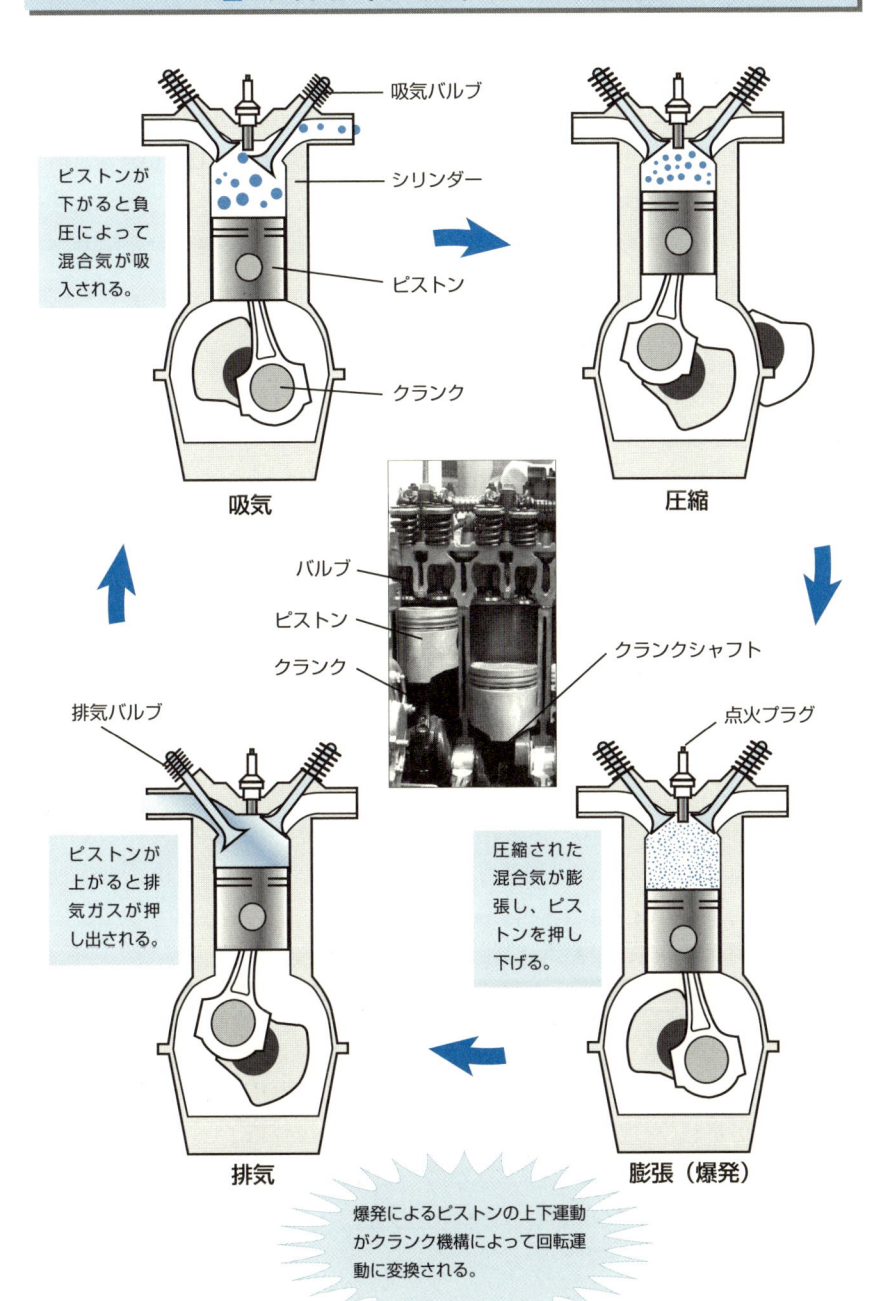

吸気
ピストンが下がると負圧によって混合気が吸入される。
- 吸気バルブ
- シリンダー
- ピストン
- クランク

圧縮

膨張（爆発）
圧縮された混合気が膨張し、ピストンを押し下げる。
- 点火プラグ

排気
ピストンが上がると排気ガスが押し出される。
- 排気バルブ

- バルブ
- ピストン
- クランク
- クランクシャフト

爆発によるピストンの上下運動がクランク機構によって回転運動に変換される。

2 エンジンの基礎

2-4 ディーゼルエンジン

ディーゼルエンジンは軽油を燃料とした4サイクルエンジンです。4サイクルガソリンエンジンと同じ工程を経て動力を生みますが、圧縮と燃焼の工程が異なります。ガソリンエンジンに比べて高出力で燃費がよいという特徴からトラックなどの大型車にもよく採用されています。

ディーゼルエンジンには点火プラグがない

　ディーゼルエンジンは、4サイクルガソリンエンジンと同様に、4ストローク（工程）で1サイクルを完了するエンジンで、構造は4サイクルガソリンエンジンによく似ています。

　4サイクルガソリンエンジンとの構造上の違いは、大きく2つあります。1つは、圧縮工程です。ディーゼルエンジンでは、圧縮するのは空気だけです。ガソリンエンジンでは燃料と空気の混合気を点火によって爆発させますが、ディーゼルエンジンの場合は軽油の特性から、圧縮によって高温になった空気中にインジェクターから軽油を噴射することで、気化・燃焼を行います。

ディーゼルエンジンとガソリンエンジンの比較

　ディーゼルエンジンとガソリンエンジンを比べた場合、圧縮工程での圧縮比*に2倍程度の差があります。圧縮された空気は600℃以上の高温になるためエンジン自体は大きく重くなります。

　ガソリンエンジンは瞬間的に混合気が爆発します。ディーゼルエンジンは気化・燃焼が連続的に起こり、ピストンを押す時間が長いという特徴があります。このことがディーゼルエンジンはエネルギー効率がよい特徴に結び付いています。

　最近ヨーロッパでは地球温暖化の問題に対する感心が高まっています。エンジンの材料などの改良が進み小型車用のディーゼルエンジンが開発されるようになったため、ヨーロッパなどの一部の地域では、エネルギー効率のよいディーゼルエンジン車が見直されています。

＊**圧縮比**　ガソリンエンジンでは1/10程度なのに比べて、ディーゼルエンジンは1/20程度。

2-4 ディーゼルエンジン

■ディーゼルエンジンの工程■

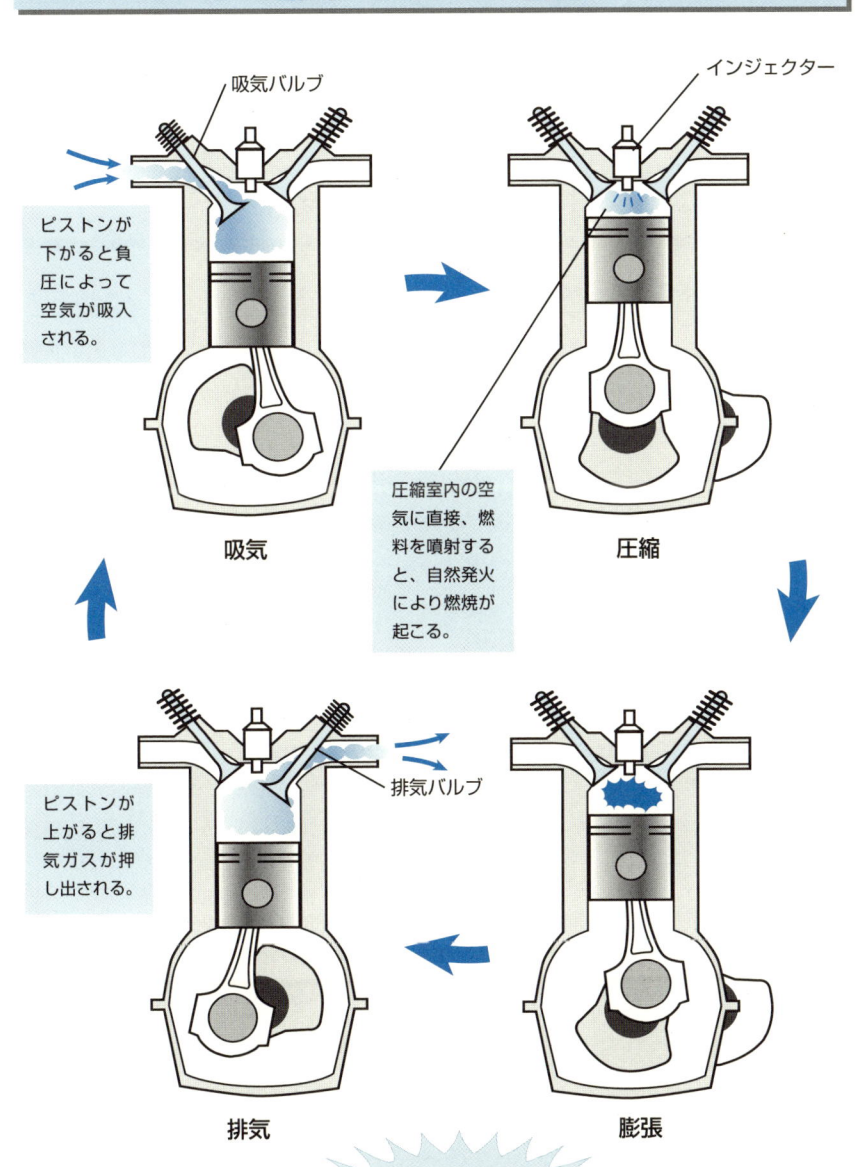

吸気バルブ

ピストンが下がると負圧によって空気が吸入される。

吸気

インジェクター

圧縮室内の空気に直接、燃料を噴射すると、自然発火により燃焼が起こる。

圧縮

排気バルブ

ピストンが上がると排気ガスが押し出される。

排気

膨張

ディーゼルエンジンは、上下運動をクランクで回転運動に変換するレシプロエンジンの一種。

2 エンジンの基礎

43

2-5 ロータリーエンジン

燃費が悪く、環境問題に対応しにくかったロータリーエンジンは一時製造が中止されました。しかし、現在は新技術の開発によってみごとに復活を果たしています。独特の機構を持ったロータリーエンジンですが、動力を生み出すための工程は4サイクルエンジンと変わりません。

ロータリーエンジンの誕生

ロータリーエンジンは、ドイツのNSU社とバンケル社によって共同開発されたエンジンで、それまでのシリンダーとピストンによるレシプロエンジンとはまったく異なる機構も持っていました。

マツダはこの新しいエンジンを自社の自動車に搭載すべくNSU社と契約を結び、開発を始めました。多くの困難を乗り越え1967年、ついにロータリーエンジンを搭載した**コスモスポーツ**を世に送りだしました。

ロータリーエンジンの仕組み

ほかのエンジンが、ピストンの往復運動をクランクによって回転運動に変換しているのに対して、ロータリーエンジンでは同軸上の独特のおむすび型をしたローターがハウジングの中で直接回転運動することで、動力が発生します。この機構のため、メカニカル・ロス（機械損失）が少なく、小型で高出力を発生させることができます。

このエンジンの課題は混合気機密性の保持と、燃焼効率の向上にあります。RX－8用に新しく開発されたロータリーエンジンRENESISでは、サイド排気ポート（通り道）を改良することによって、吸気時に排気が混入する現象（オーバーラップ）を解消して、より高い燃焼効率の確保に成功しました。

ロータリーエンジンは、比較的簡単に水素を燃料に使用することが可能で、マツダでは20年以上前から研究開発を進めています。

2-5 ロータリーエンジン

■ロータリーエンジンの工程■

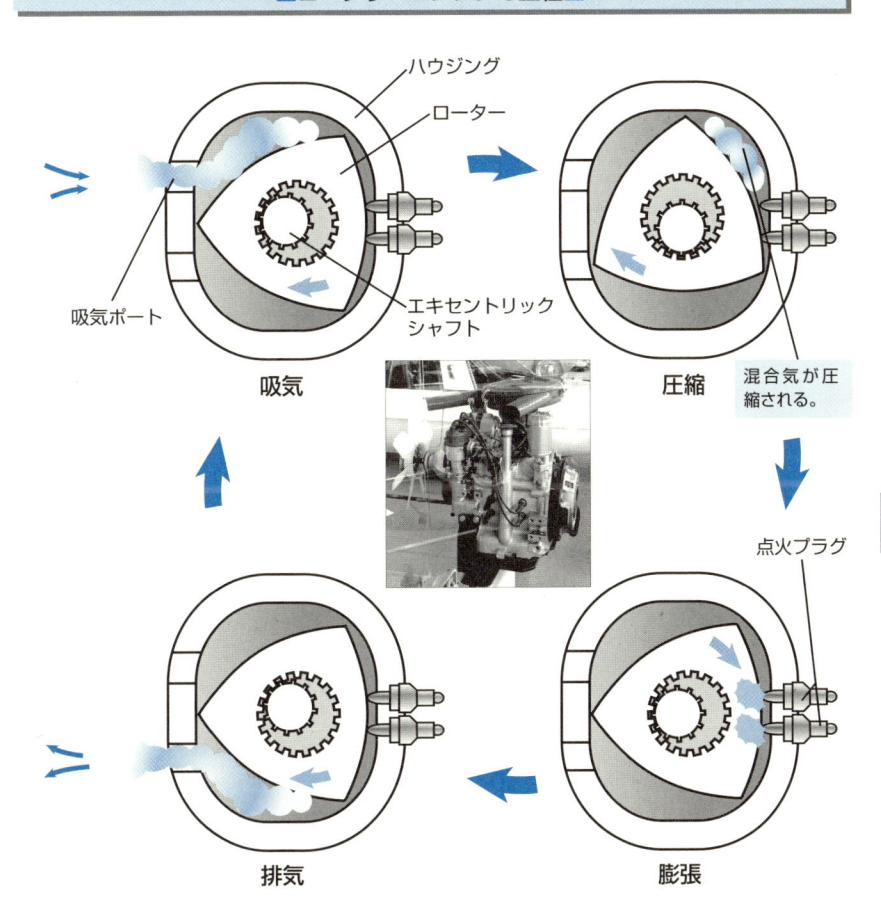

ハウジング
ローター
吸気ポート
エキセントリックシャフト

吸気

圧縮

混合気が圧縮される。

点火プラグ

排気

膨張

■コスモスポーツ■

写真提供：トヨタ博物館

2 エンジンの基礎

2-6 2サイクルエンジン

4サイクルエンジンが、4工程でパワーを生み出す1動作を行うのに対して、2サイクルエンジンは、2工程でパワーを生み出します。4サイクルエンジンが行う吸気、圧縮、膨張、排気のそれぞれの工程を、2サイクルエンジンでは吸気と圧縮、膨張と排気をそれぞれ同時に行います。

2サイクルエンジン

2サイクルエンジンは、ガソリンを使ったレシプロエンジンの1種で、シリンダーとピストン、それにクランク機構を使って4サイクルエンジンと同じ4つの工程を行います。ただし、これらの工程はクランクシャフトが1回転する間に完了します。

2サイクルエンジンの動作

2サイクルエンジンでは、ピストンが上昇するときが吸気圧縮工程です。吸入された混合気は、まずクランクケースに入ります。ピストンが上死点＊から下降してくると、クランクケース内の混合気は与圧され、**掃気孔**から燃焼室に入ります。このとき、吸気管から混合気が逃げないように**リード弁**が取付けられています。燃焼室に入った混合気は、ピストンの上昇によって圧縮されます。つまり、クランクケースでは吸気が、燃焼室では圧縮がそれぞれ行われているのです。

圧縮された混合気にプラグによって点火されるのは、4サイクルエンジンと同じです。膨張した混合気は、ピストンを押し下げ、クランクシャフトを回転させます。ピストンが押し下げられたことによって、**排気孔**が開き、排気が行われます。

ピストンの押し下げによって排気孔の方が掃気孔よりも速く開くように穴の位置が調節されているため、排気が先に始まり、続いてクランクケースの混合気が燃焼室に入ってきます。

＊**上死点**　「Top Dead Center」と呼ばれ、ピストンがシリンダー最上端にきた位置のことをいう。

2サイクルエンジンの特徴

　2サイクルエンジンは、内部構造が単純で、軽量コンパクトに作ることができます。回転数が高くなるため、専用のオイルを混合気と一緒に燃やして金属磨耗を防いでいます。そのため、排ガスが出やすく、また燃焼しきらなかったオイルがマフラーと排気管などを汚します。

　性能では、構造上どうしても圧縮比が低く、4サイクルに比べてトルクが劣ります。また、大きな排気量のエンジンには向きません。

　かつては軽自動車に搭載されたこともありましたが、排ガス規制強化によって、現在ではバイクに使用されるのみとなりました。

■2サイクルエンジンの工程■

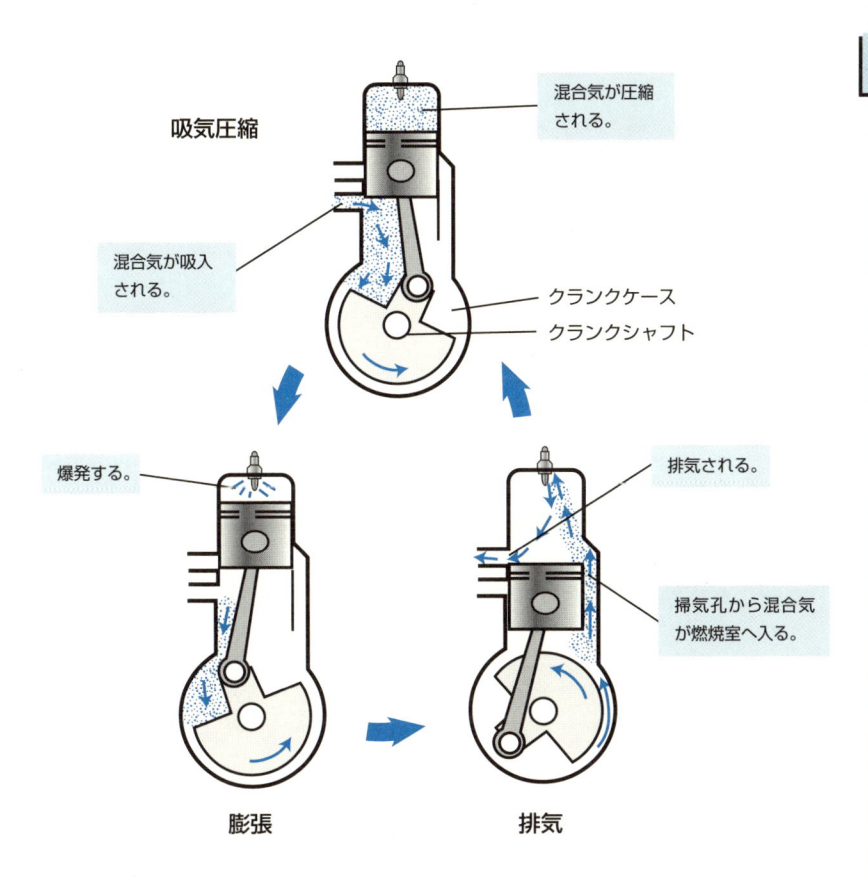

吸気圧縮
混合気が圧縮される。
混合気が吸入される。
クランクケース
クランクシャフト

膨張
爆発する。

排気
排気される。
掃気孔から混合気が燃焼室へ入る。

2-7 ハイブリッドシステム

ハイブリッド自動車*は、従来の自動車用エンジンとモーターの2種類の動力源を搭載している自動車です。現在量産されているハイブリッド車は、従来の自動車の2倍以上の燃費性能を発揮しています。また、二酸化炭素の排出量も約半分になり、環境にも優しい自動車です。

ハイブリッドシステム

現行、トヨタの**プリウス**やホンダのインサイトなどに搭載されている**ハイブリッドシステム**は、4サイクルエンジンと電動モーターの組み合わせによってエネルギー効率を向上させるための仕組みです。

ハイブリッドシステムのポイントは、発進・加速時にエンジンに負荷が大きくかかるときに、電気モーターを使うことによって、エンジンを効率的な負荷で使用します。

定速走行時や制動時だけではなく減速時にも電気を回収することができ、電動モーター用の電気を蓄える仕組みになっています。つまり、ハイブリッド自動車は、捨てていたエネルギーを内部で再利用しているわけです。したがって、電気自動車のように、外部の電力によってバッテリーを充電する必要がありません。

プリウス

1997年に発売が開始されたトヨタのプリウスは、ハイブリッド自動車の代名詞のような存在です。2003年に発売された新型のプリウスでは、燃費のさらなる向上は言うまでもなく、可変電圧システムとモーターを強化したことによって、発進時でも力強い走りができるようになりました。

トヨタのプリウスのバッテリーには、従来の鉛バッテリーではなく、ニッケル水素バッテリーが使用されています。このバッテリーは、従来のものに比べて出力するエネルギーが大きく、また環境にも優しいという特徴を持っています。

＊**ハイブリッド自動車**　英語ではHybrid vehicle といい、HVと略すことがある。

2-7 ハイブリッドシステム

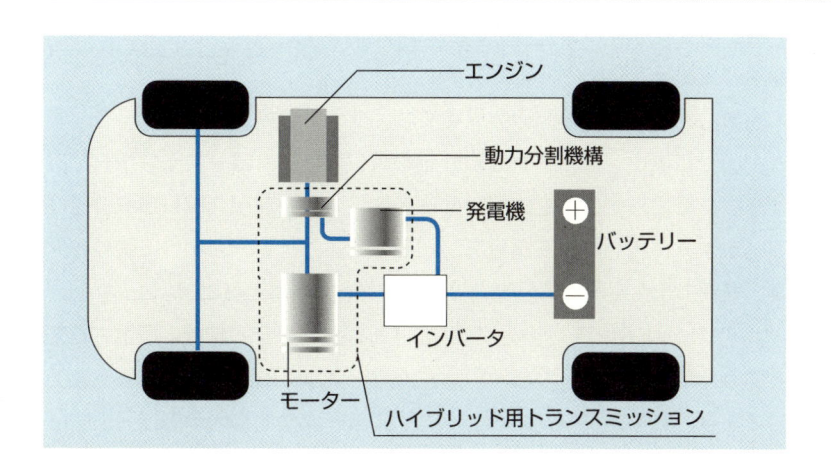

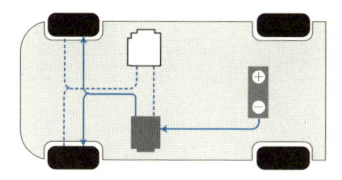

■ハイブリッドシステム■

- エンジン
- 動力分割機構
- 発電機
- バッテリー
- インバータ
- モーター
- ハイブリッド用トランスミッション

発進・低速走行時

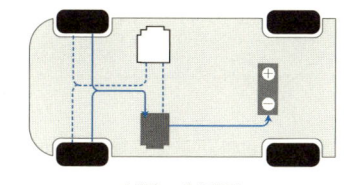

減速・制動時

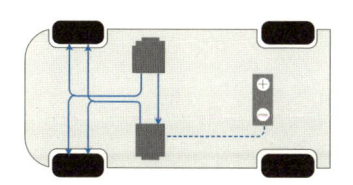

通常走行時

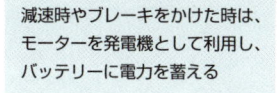

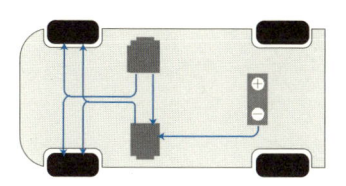

減速時やブレーキをかけた時は、モーターを発電機として利用し、バッテリーに電力を蓄える

急加速時

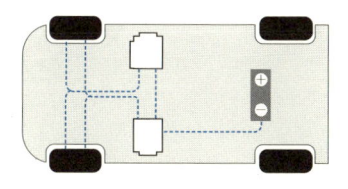

停車時

2 エンジンの基礎

49

ハイブリッド車のモーター

ハイブリッド車のモーターは、**三相交流同期モーター**です。三相交流とは、通常の発電所で発電される電気です。

簡単にモーターの仕組みを見るには、タミヤの模型用モーターを分解するとよいでしょう。モーターの回転軸の周りには3ブロックに分かれたコイルがあり、その外側の固定されたケース側には強力な永久磁石が取り付けられています。整流した直流電流をコイルに流すことで、コイルに磁界を発生させ、周囲の永久磁石との反発力によって回転力を得るのです。

ハイブリッド車のモーターでは、コイルが外側にあります。固定されているという意味で、これらのコイルは、ステータコイルと呼ばれます。ステータコイルは、全部で18あります。また、ステータコイル内側のローターに強力な永久磁石が取り付けられていて、模型のモーターとは逆になっています。

もう1つ、ハイブリッド車のモーターは交流で動くということも大きく異なる点です。

■三相交流同期モーター■

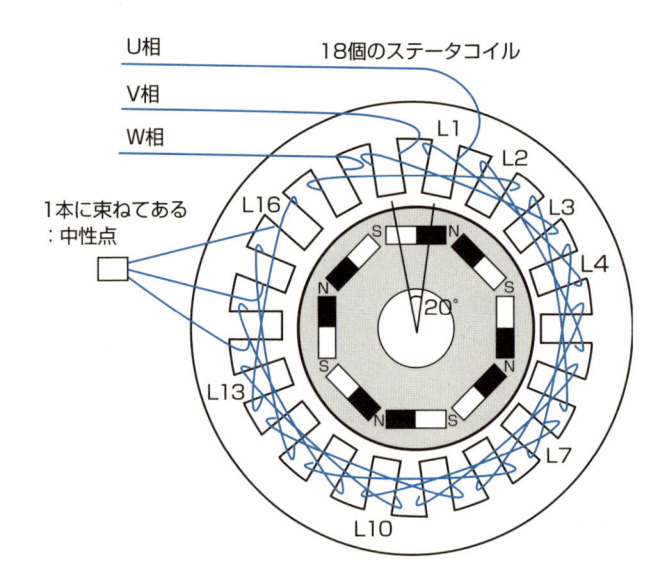

ステータコイルは、周期が120度ずつ異なる3相の交流電流が順に流れように、配線されています。このため、交流電流による磁界は規則正しい3拍子を刻みながらステータを駆け廻り、ローターを回転させるのです。

インバータ

ハイブリッド車のモーターは、交流で動くということを説明しました。ところが、ハイブリッドバッテリが作り出せるのは直流電流です。バッテリの直流電流を交流電流に変換する装置がインバータです。

ハイブリッド車に搭載されるインバータは、パワーコントロールユニットに内蔵されていて、ハイブリッドバッテリの直流電流を、モータ用の3相交流電流に変換します。

現在多く使われているインバータのトランジスタは、IH調理器などにも使われる大電流に適したIGBT（Insulated Gate Bipolar Transistor）です。さらに、性能の改善、省電力化を進めるために新しい素材による半導体（SiCやGaNを使用した半導体で、ワイドギャップ半導体と呼ばれている。）の開発が進んでいます。

▼プリウス（二代目）

プリウスのエンジン

　トヨタのプリウスのエンジンは、**アトキンソンサイクル**（高膨張比サイクル）と呼ばれる4サイクルエンジンです。これは、圧縮比よりも膨張比を高くしたエンジンで、吸気工程でピストンの最下位置に達する前（または後）に吸気バルブを閉じてしまうことで、通常よりも少ない空気を吸入するようにしたエンジンです。排気量1500ccのプリウスでは、実際に吸入する空気量は約1000cc程度で、省燃費タイプのエンジンになっています。

　プリウスでは、停止するとエンジンが止まり、アクセルを踏むとモーターによって始動して発進します。したがって、街中の走行では低回転からの発進を繰り返すことになり、オイルポンプ内の油圧が低い状態での作動が多くなります。そのため、低粘度タイプのエンジンオイルが使用されています。

▼プリウスのエンジン

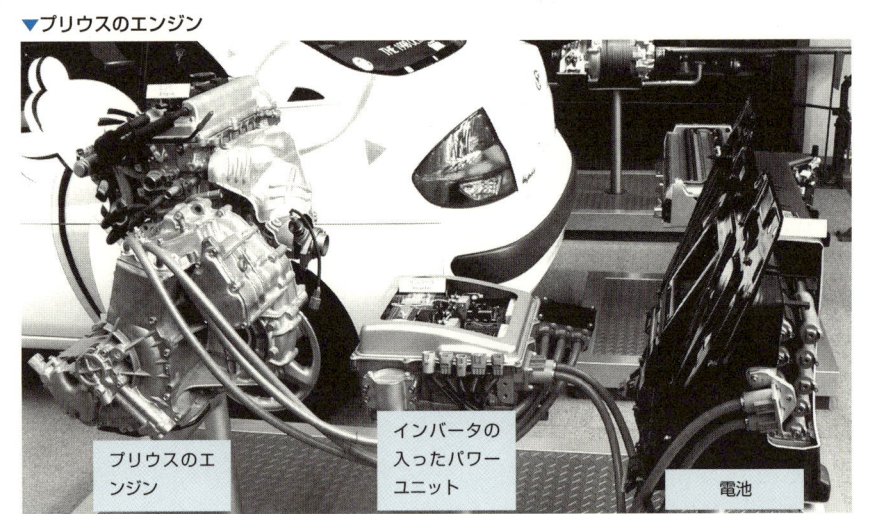

写真提供：トヨタ博物館

COLUMN プリウスの海外人気

　ハリウッドスターのレオナルド・ディカプリオがアカデミー賞の会場に到着したとき、彼はアメリカ車のリムジンではなく、トヨタのハイブリッドカー「プリウス」に乗っていたことがメディアの話題となりました。現在、プリウスはアメリカではバックオーダーが続いている状況で、新たに投入されたSUV車のハイブリッドも大人気の状況です。

第3章

4サイクルエンジンの構造と性能

現在の自動車のエンジンのほとんどは、ガソリンか軽油をおもな燃料とする4サイクルエンジンを搭載しています。ここでは、4サイクルエンジンの基本的な構造と、エンジン性能を上げるための仕組みを説明します。

3-1 4サイクルガソリンエンジンの構造

　現在、乗用車に最も多く使われている4サイクルガソリンエンジンは、シリンダー内で4つの工程（吸気、圧縮、膨張、排気）を効率よく行い、それによって得られるピストンの往復運動を回転運動に変換するための構造をしています。

■ パワーを生み出す部分と駆動力へ変換する部分

　エンジンの構造は、爆発を起す部分と、爆発を力（駆動力）に変える部分の2つに大別することができます。爆発によってパワーを取り出し、それをタイヤを回転させる駆動力へ変換するのがエンジンの機能です。

■ 爆発を起こす部分（燃焼室）

　爆発を起す部分が燃焼室で、エンジンの**シリンダーヘッド**の部分にあたります。シリンダーヘッドの形状はいくつか考案されていますが、ペントルーフ型が一般的になり、効率よく吸気と爆発、排気を行うための構造をしています。

　シリンダーヘッドには、吸気と排気用のバルブが取り付けられ、ガソリンエンジンでは発火用の点火プラグも配置されます。

■ シリンダーブロックとクランクシャフト

　爆発によってピストンが往復運動をする部分は筒状の構造になっていて、その下にはピストンの往復運動を回転運動に変えるクランク機構があります。これらをいっしょにして**シリンダーブロック**と呼びます。

　実際の自動車では、複数のシリンダーが並んでいて、それらの爆発のタイミングは互いにずらされています。このようにずれているピストンの往復運動のタイミングをうまく調節して1つの回転運動に変換しているのが**クランクシャフト**です。

3-1 4サイクルガソリンエンジンの構造

■シリンダーブロックとクランクシャフトの構造■

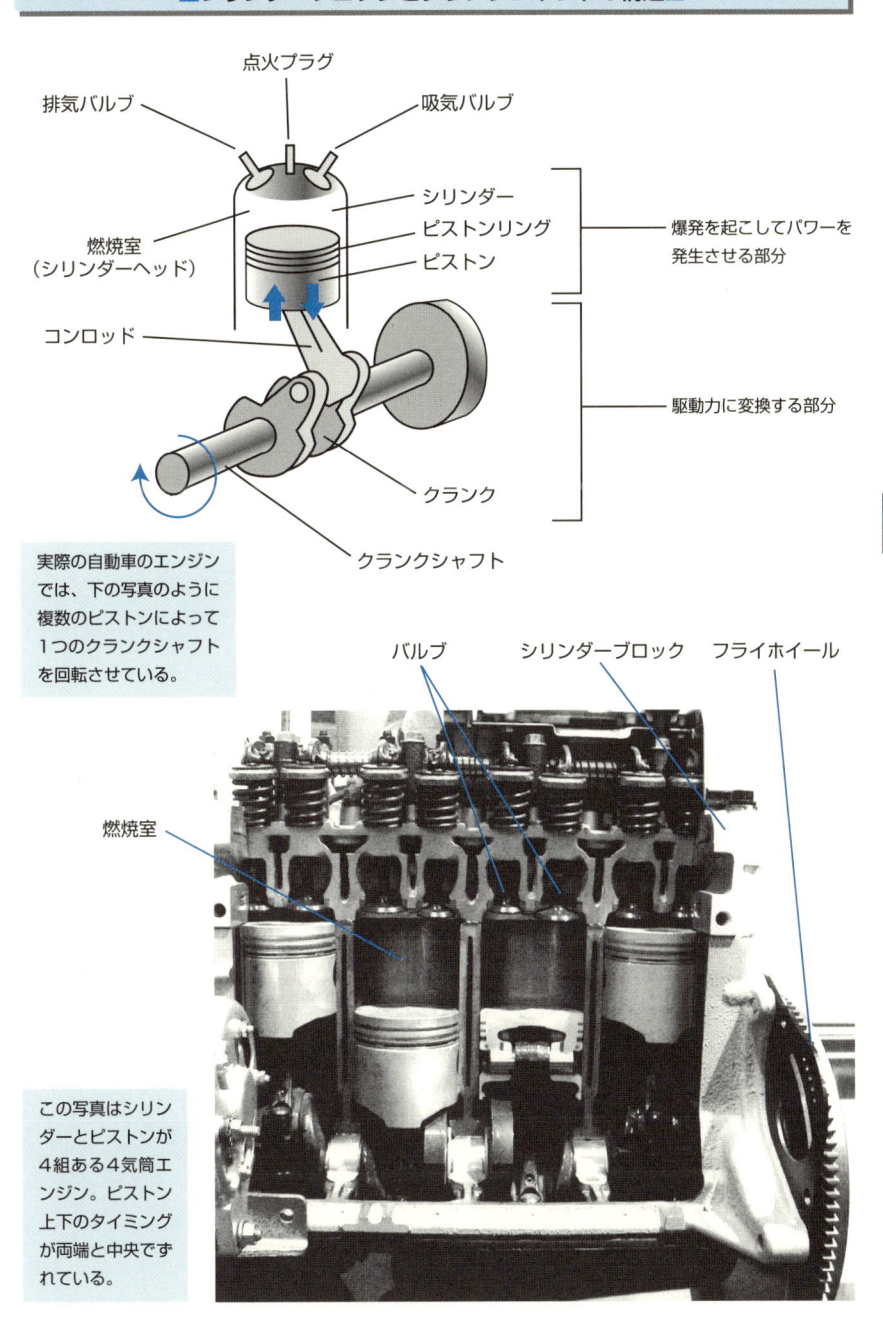

- 点火プラグ
- 排気バルブ
- 吸気バルブ
- シリンダー
- ピストンリング
- 燃焼室（シリンダーヘッド）
- ピストン
- コンロッド
- クランク
- クランクシャフト

爆発を起こしてパワーを発生させる部分

駆動力に変換する部分

実際の自動車のエンジンでは、下の写真のように複数のピストンによって1つのクランクシャフトを回転させている。

- バルブ
- シリンダーブロック
- フライホイール
- 燃焼室

この写真はシリンダーとピストンが4組ある4気筒エンジン。ピストン上下のタイミングが両端と中央ですれている。

3　4サイクルエンジンの構造と性能

55

3-2 燃焼室

燃焼室は、文字どおり混合気を燃焼（爆発）させる部分で、圧縮工程と膨張工程時には密閉状態になります。この燃焼室に求められるのは、膨張によって生み出すパワーと効率です。そのため、燃焼室の形状や容積、表面積などは設計上の重要な要素になります。

燃焼室の形状

吸気工程でのピストンの押し下げによって、吸気ポートからシリンダー内に入った混合気がシリンダー内に均一に素早く充満するよう、また、圧縮工程で、圧縮された混合気が最もよく燃焼するように燃焼室は設計されます。このためバルブや点火プラグの取付け位置が工夫されたり、燃焼室自体の形状が様々に工夫されています。

最近では**ペントルーフ型**が主流ですが、これは燃焼速度が速く、マルチバルブ化（多弁化）にしやすいのが理由です。

渦流とノッキング

燃焼室内に作り出される混合気の流れを**渦流**（かりゅう）といいます。渦流は燃焼効率を左右する重要な要素です。エンジンの各工程での気体の流れや燃焼の伝わりの様子を、高性能コンピュータによって様々にシミュレーションしながらエンジンは設計されます。

勢いよく混合気を吸気するための**タンブル流**や**スワール流**などの渦流を作る設計がされています。圧縮工程では、上昇するピストンによって混合気を燃焼室の中心部に集める働きをする**スキッシュ渦**を作る工夫もあります。

膨張工程では、点火プラグから起きた爆発が波状に燃焼室内に伝播しますが、燃焼室の端に未燃焼の気体が残っていたりすると、自然発火による予期せぬ爆発がこの部分でも起き、その衝撃波によって激しい振動を起こすことがあります。これがノッキングです。渦流を工夫することで**ノッキング***しにくいエンジンにすることもできます。

***ノッキング**　ノッキングは粗悪なガソリンを使用すると起きやすくなる。燃料のオクタン価がノッキングの起きにくい度合。

3-2 燃焼室

■燃焼室の形■

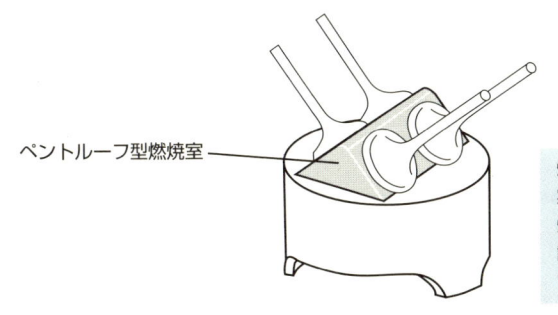

ペントルーフ型燃焼室

燃焼室の形状には様々なものが考案されている。ペントルーフ型は、燃焼室がコンパクトなエンジンを設計しやすい。多バルブにもしやすく、高性能化が可能。

■渦流とノッキング■

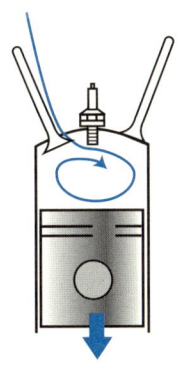

タンブル流
縦渦流を起こすために、吸気ポートができるだけ直線状になっている

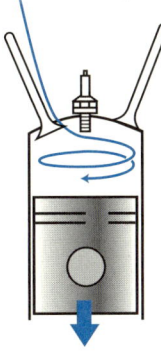

スワール流
横渦流を起こすために、吸気ポートなどの形状が工夫されている

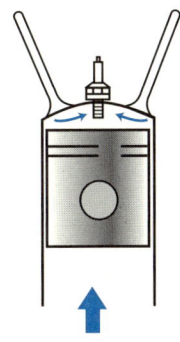

スキッシュ渦
圧縮行程で燃焼室端のすき間がなくなることで混合気を中央に集めることができる

ノッキング
ノッキングは点火タイミングからずれて燃焼室内のガスの残りが自然発火することで起きる。

3 4サイクルエンジンの構造と性能

3-3 シリンダーの性能

シリンダーはその内部をピストンが往復運動する部分で、エンジンの心臓部です。シリンダーとピストンの運動により、シリンダー内の容積が変化することで、混合気を吸入したり、混合気を圧縮したり、燃焼ガスを排気したりします。

シリンダーの構造

シリンダーは筒状の構造をしたエンジンの部分で、内部をピストンが往復運動します。シリンダーの内径を**ボア**といい、ピストンの作動範囲を**ストローク**といいます。ストロークの上限を**上死点**（**TDC**＊）、下限を**下死点**（**BDC**＊）と呼びます。

排気量

各シリンダーの排出量は、下死点にあるときと上死点にあるときのシリンダー容量の差＊です。総排気量は、各シリンダーの排出量の合計です。

エンジンの排出量は、（ピストンの面積）×（ストローク）×（気筒数）で算出することもできます。

自動車のカタログには、ℓ 単位またはcc単位で排気量が記載されています。

圧縮比

シリンダーが上死点の位置が最少容量です。反対に最大容量になるのは、シリンダーが下死点の位置です。エンジンの**圧縮比**とは、最大容量（排気量＋燃焼室容量）と最少容量の比です。

圧縮比が高くなると、一般に爆発が大きくなるため、出力するパワーが大きくなります。しかし、圧縮率が高くなると、ノッキングが起きやすくなるため、このようなエンジンには**オクタン価**＊の高いハイオクガソリン（無鉛プレミアムガソリン）が使用されます。

＊**TDC**　　Top Dead Centerの略。
＊**BDC**　　Bottom Dead Centerの略。
＊**シリンダー容量の差**　　排出量はストローク容量とも呼ばれる。
＊**オクタン価**　　ノッキングの起こりにくさの値で、96以上のものを**ハイオクガソリン**という。

3-3 シリンダーの性能

■排気量の計算■

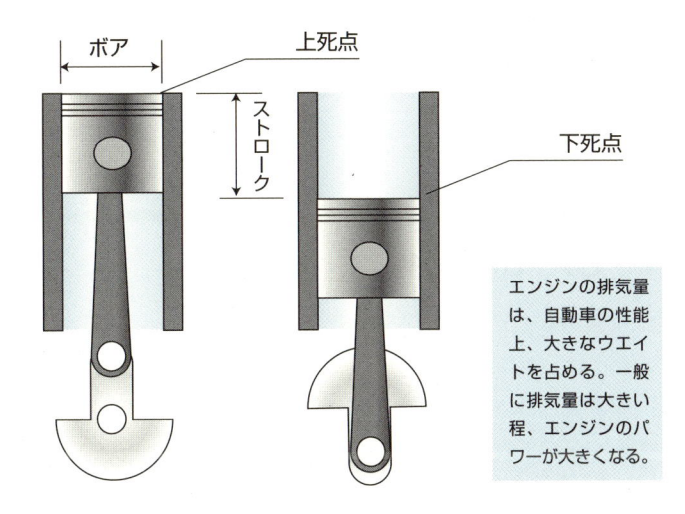

ボア
上死点
ストローク
下死点

エンジンの排気量は、自動車の性能上、大きなウエイトを占める。一般に排気量は大きい程、エンジンのパワーが大きくなる。

$$総排気量 = \left(\frac{ボア}{2}\right)^2 \times 3.14 \times ストローク \times 気筒数$$

$$= ピストン面積 \times ストローク \times 気筒数$$

■圧縮比の計算■

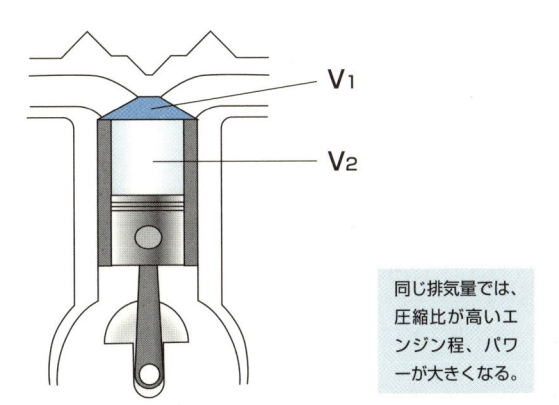

V_1
V_2

同じ排気量では、圧縮比が高いエンジン程、パワーが大きくなる。

$$圧縮比 = \frac{シリンダー最大容量}{シリンダー最小容量} = \frac{燃焼室容量(V_1) + 排気量(V_2)}{燃焼室容量(V_1)}$$

3 4サイクルエンジンの構造と性能

3-4 ボアとストローク

諸元表のエンジンの項目には、「内径×行程」が表示されています。この数値によってエンジンの性格を知ることができます。ボアとストロークの関係は、性能の優劣を決定するものではなく、エンジンの性格を決める1つの指標となります。

ボアとストロークの関係

排気量はボアとストロークの関係で決まるため、同じ排気量のエンジンの場合には、ボア値の2乗とストローク値は反比例の関係にあります。

ボアよりもストロークが長いエンジンを**ロングストローク型**、短いエンジンを**ショートストローク型**、同程度の値のエンジンを**スクエア型***エンジンと分類しています。

ショートストローク型

ショートストローク型は、ロングストローク型に比べてボアが大きいため、吸気排気用のバブルを大きくできます。吸気・排気効率を上げることができます。

ショートストロークエンジンは、回転速度を上げてもピストン速度を抑えられるため高回転型エンジンに向きます。また、レスポンスがよく加速性能がよくなるためスポーツカーのエンジンとしてよく使用されます。特に**スカート**部分を短くしたピストン（ショートスカートピストン）は、軽量化されていて、高回転型のエンジンに使用されます。

ロングストローク型

ロングストローク型は、回転数を上げるとピストンの運動速度が速くなり、シリンダーとピストンが摩擦しやすくなり、高回転には不向きです。

ロングストロークエンジンは、低速トルクが強く、ねばりのあるエンジンになります。多くの乗用車では、ボアよりストロークの長いロングストローク型のエンジンが使用されています。

***スクエア型**　ショートストローク型とロングストローク型の中間の特性を持つ。

■ボアとストローク■

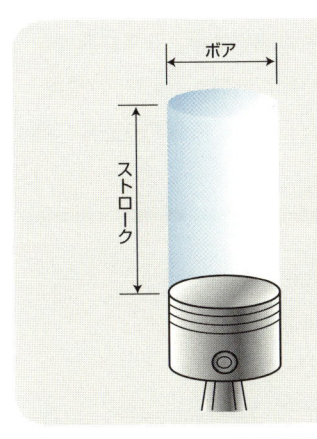

ロングストローク型
ストローク＞ボア

ボアが小さいため、混合気への着火が行き渡る。低速のトルクが大きくなるが、高回転には不利

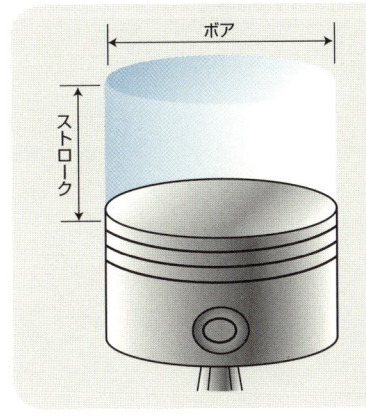

ショートストローク型
ボア＞ストローク

低速トルクは小さいが、高回転に有利。スポーツタイプに使われることが多い

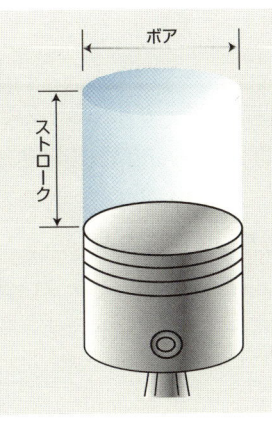

スクエア型
ストローク＞ボア

ロングストローク型とショートストローク型の中間

3-5 ピストンの構造

ピストンはシリンダー内を往復運動する円筒形の部品です。非常に過酷な環境で使用されるため軽くて強いことが要求されます。また、ピストンには、往復運動を回転運動に変換するためのクランクシャフトに接続する重要な部品が接続されます。

ピストンに要求される機能

ピストンには、次のような性能が要求されます。
・シリンダー内を高速で往復運動をするため、軽く耐久性があること。
・爆発のエネルギーを逃がさないように機密性を保つこと。
・ピストンを潤滑するエンジンオイルを燃焼室に入れないこと。
・高速運動による熱を素早く発散させること。

ピストンの構造

筒状のピストンですが、その上部には**ピストンリング**がはまるリング溝があります。その下の部分は**スカート**と呼ばれ、熱膨張による変形を防止するためにスリットを入れたり、一部を削り落としたりしたものもあります。

ピストンの内側には、クランクシャフトと接続するための**コンロッド***が**ピストンピン**によって取り付けられます。ただし、通常はピストンピンとコンンロッドはクランク機構の一部とされます。

ピストンヘッドの形状

ピストン上部の形状にも色々なものがあります。頂上が平らなものを**フラットヘッド**といいます。**コンベックスヘッド**は、できるだけ圧縮率を高めるために上部が山形に盛り上がった形状のピストンです。そして、ピストンにバルブが当らないようにバルブの逃げ溝を削り削ってあります。

2サイクルエンジンのピストンは、混合気の渦流を考慮した**デフレクター型**になっています。

＊**コンロッド**　コネクティングロッドの略。

3-5 ピストンの構造

■ピストンの構造■

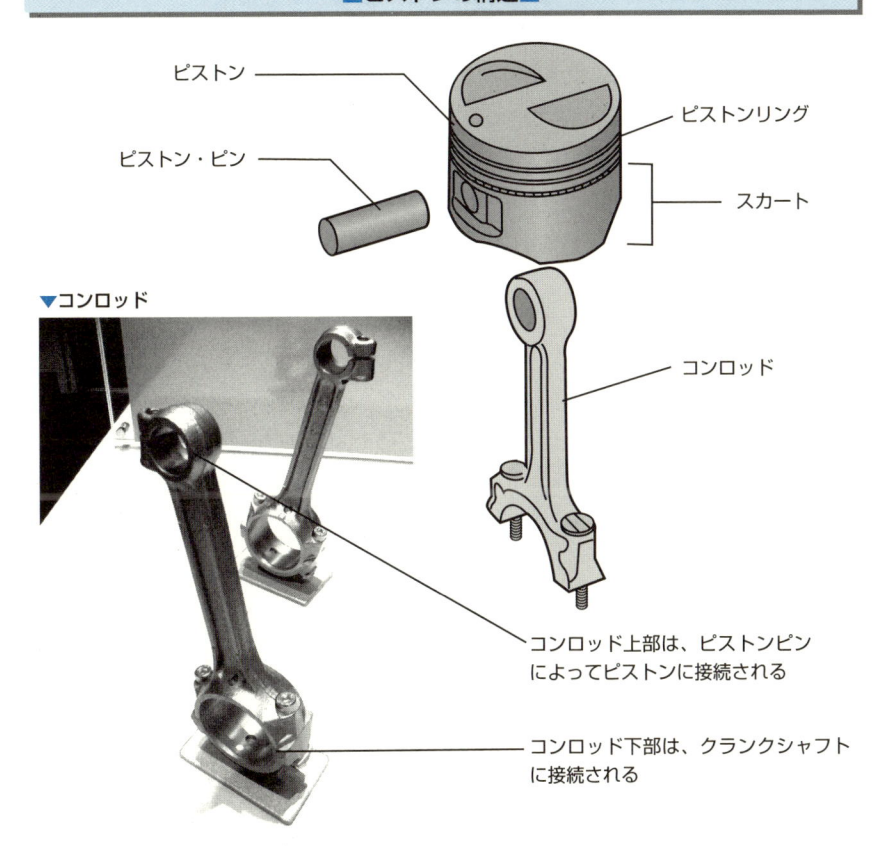

- ピストン
- ピストン・ピン
- ピストンリング
- スカート
- コンロッド

▼コンロッド

- コンロッド上部は、ピストンピンによってピストンに接続される
- コンロッド下部は、クランクシャフトに接続される

👉 COLUMN　ピストンリング

　ピストンの上部にある3本の溝にはめられた輪をピストンリングといい、以下の2種類のピストンリングがあります。

●コンプレッションリング
　通常、上部2つの溝に入るのがこのリングで爆発後のエネルギーや、圧縮した混合気を密閉する役割があります。

●オイルリング
　一番下の溝がオイルリングと呼ばれるもので、コンプレッションリングとは形状が異なります。オイルリングは燃焼室にオイルが入らないようにする役割と、シリンダーとピストンの隙間にあるオイルを掻き落とし、オイルを再潤滑させて、ピストンの焼き付きを防止します。

3-6 ピストンの工夫

　非常に高温の環境で使用されるピストンでは、熱膨張を緩和したり、ピストンを冷却するためのいくつかの工夫がなされています。また、上下運動を回転運動に変換するピストンでは、コンロッドの押し下げ時に横方向の力が加わり、ピストンはシリンダーとの摩擦が大きくなります。

ピストンの熱膨張

　ピストンは、シリンダーを上回る摩擦や高温への耐性が要求されます。特にピストンヘッドは燃焼室の下部を構成することもあり、300℃以上の高温に繰り返しさらされます。このため、ピストンの上部とスカート部分で熱膨張が異なります。このため、ヘッド部分の径は熱膨張を見込んで、スカート部分よりも若干小さくなっています。

　また、ピストンピンをはめる部分（ボス）は、肉圧になるため熱膨張が大きくなります。このため、ボス部分の径は、直行する径よりも若干小さくなるようにだ円形に作られています。

オフセット

　ピストンが上下運動するときにコンロッドから受ける力によって横向きの力を受け、ピストンが首振り運動＊が起き、シリンダーとの摩擦が起こります。この現象を軽減するために、ボアの中心線よりもピストンピンをずらします。このように設計されたピストンを**オフセットピストン**といいます。

　例えば、右図では、膨張工程でコンロッドからクランクの回転と反対力がピストンにかかります。これを軽減するためには、左側に1〜2.5mmほどピストンピンをずらします。

　同じ理由からピストン側はそのままで、クランク側をオフセットしているエンジンもあります。

＊首振り運動　この運動による運動の損失を**フリクションロス**と呼ぶ。

3-6 ピストンの工夫

■ピストンの熱膨張■

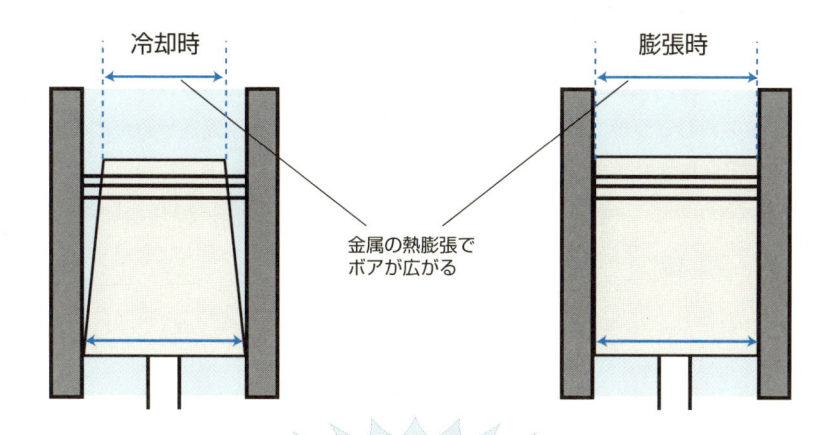

冷却時　　　　　　　膨張時

金属の熱膨張で
ボアが広がる

ピストンをはめ込む部分（ボア）は肉厚で熱膨張が特に大きい。そのため熱膨張による変形を考慮して扁平に作られる。

■ピストンのオフセット■

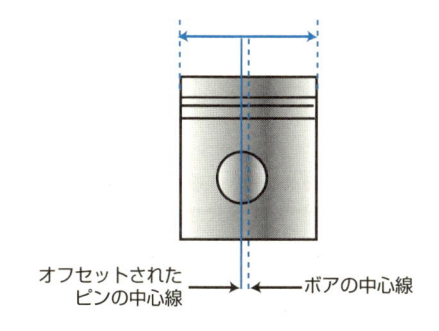

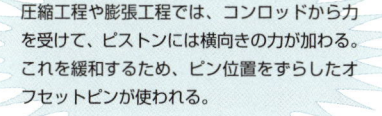

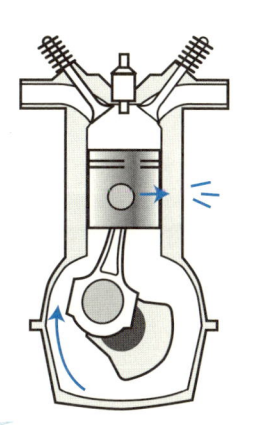

オフセットされた
ピンの中心線　　　ボアの中心線

圧縮工程や膨張工程では、コンロッドから力を受けて、ピストンには横向きの力が加わる。これを緩和するため、ピン位置をずらしたオフセットピンが使われる。

3 ４サイクルエンジンの構造と性能

3-7 クランク機構

　ピストンの上下運動を回転運動に変換するのがクランク機構です。自動車のクランク機構はピストンに接続されたピストンピンからはじまり、コンロッドを介してクランクシャフトに接続され、タイヤを回転させるための回転運動に変換されます。

■ リンク装置

　往復運動を回転運動や揺動運動に変換したり、その逆方向への変換を行う装置を**リンク装置**と呼んでいます。

　身近なリンク装置には、車のステアリングなどに使用されている**台形クランク機構**のほか、自動車のワイパーに使用されることもある**平行クランク機構**などがあります。自動車のエンジンがタイヤを回転させるのもリンク装置の1つです。

■ クランク機構

　身近なクランク機構の様子は、自転車に見ることができます。サドルに腰掛けた状態でペダルを回転させる動作は、**てこクランク機構**に当たります。この場合、人の足はクランク機能の一部になっています。

　この状態で、サドルに腰掛けずに立ちこぎを行うと、右図のようにてこクランク機構のリンクcが省かれた状態になります。このクランク機構では、人が上下することでペダルを回転させています。これが**往復スライダクランク機構**です。自動車の動力に使われるクランク機構も往復スライダクランク機能を使っています。

　自動車のクランク機構では、往復運動するのがエンジン内のピストンです。それをコンロッドでクランクシャフトに伝え、回転運動に変換しています。

3-7 クランク機構

■クランク機構■

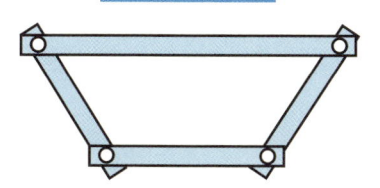

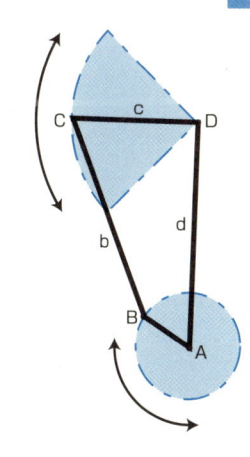

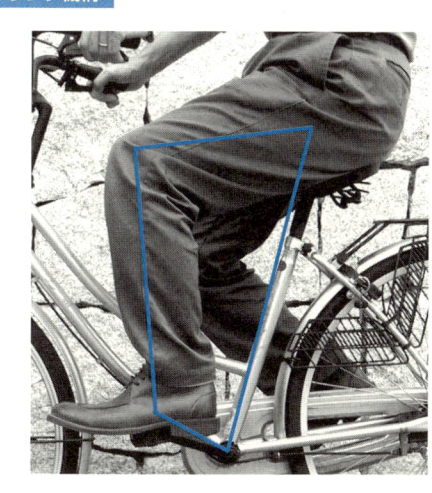

台形クランク機構

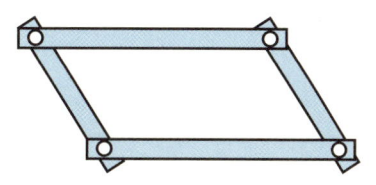

車のステアリング

平行クランク機構

自動車のワイパー

てこクランク機構

往復スライダクランク機構

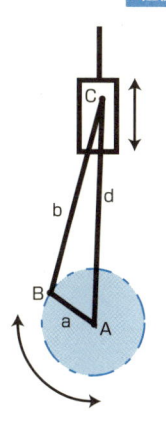

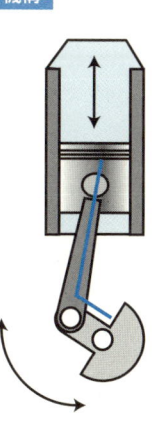

3-8 クランクシャフト

　自動車のクランクシャフトには、振動と騒音を低減して滑らかに回転するように、いくつかの工夫がされています。また、多気筒エンジンでは各シリンダーの工程をずらして、シャフトのねじれを軽減させます。そのため、クランク角度もずれています。

■ クランクシャフトの構造

　クランクシャフトは、クランクシャフトの回転軸の**ジャーナル**、コンロッドが接合する**クランクピン**、**クランクアーム**、そして**バランスウエイト**からできています。ベアリングは回転軸のジャーナルを支持するように設置されます。

　ねじれの応力がかかるクランクシャフトには、高剛性の材料＊が使われます。また、ジャーナルとクランクピンには耐摩擦性を高める工夫もされています。

■ 多気筒のクランクの回転角

　多気筒エンジンでは、シリンダーの行程が互いにずれて起こるように調整されています。この順序を**点火順序**といいます。

　点火順序は、クランクシャフトのねじれを最少にするようになっています。4気筒エンジンの場合の点火順序は、1番→2番→4番→3番か、1番→3番→4番→2番が一般的で、自動車メーカーによって異なっています。4サイクルエンジンでは、1サイクルでクランクシャフトは2回転（720度）します。したがって、クランクピンの位置はそれぞれ180度ずれます。古い型のクランクシャフトのには、クランクピンが90度ずつずれているものもありました。

　6気筒エンジンの点火順序は、一般には1番→5番→3番→6番→2番→4番か、1番→4番→2番→6番→3番→5番などです。クランクピンのずれは、120°になります。

＊**高剛性の材料**　複数のピストンによるタイミングのずれた応力がかかるため、剛性の高いチタン合金などが使われる。

3-8 クランクシャフト

■クランクシャフトの構造■

直列4気筒の例

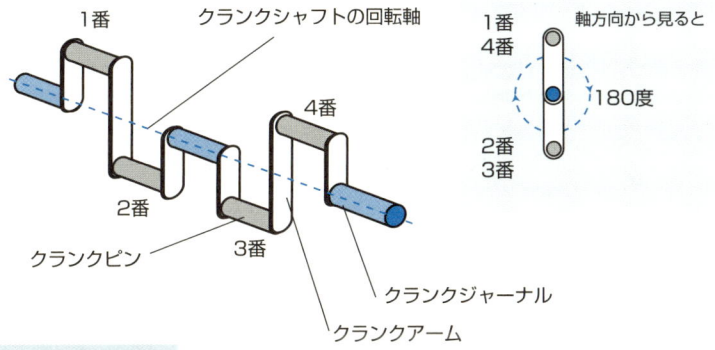

- 1番
- クランクシャフトの回転軸
- 4番
- 2番
- クランクピン
- 3番
- クランクジャーナル
- クランクアーム

軸方向から見ると
1番・4番／2番・3番　180度

ピストンピンの位置は、エンジンの工程をずらすようにしてずらして配置されている。左写真の例では、クランクピンは90度ずつずれている。

▼クランクシャフト

バランスウエイト

直列6気筒の例

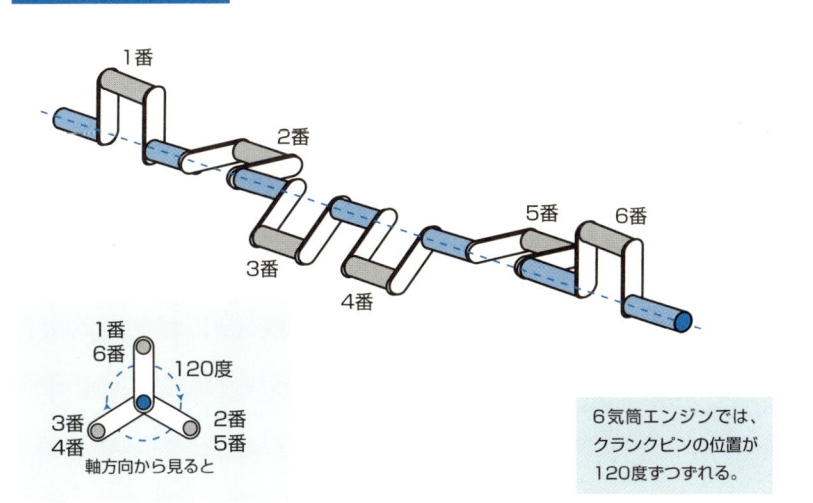

1番／2番／3番／4番／5番／6番

軸方向から見ると
1番・6番／2番・5番／3番・4番　120度

6気筒エンジンでは、クランクピンの位置が120度ずつずれる。

3　4サイクルエンジンの構造と性能

3-9 シリンダー配列

4サイクルのガソリンエンジンには様々な形をしたものがありますが、それぞれにエンジンの特性があり、排気量や目的、開発思想によってタイプが分かれています。多気筒のレシプロエンジンでは、コンパクトで高性能なエンジンにするためシリンダー配列が工夫されています。

直列エンジン

2000cc以下の大半の日本車には、**直列エンジン**が使われています。気筒数（シリンダーの数）は3気筒から6気筒までが主流です。

最近は**FF（フロントエンジン・フロント駆動）**が主流なので、エンジンは横向けに配置される車が大半です。**FR（フロントエンジン・リア駆動）**の場合はエンジンが縦置き配置になります。エンジン回転時の負荷を軽減するために、エンジンの配置は垂直ではなく、独自の傾斜角をもたせているエンジンもあります。

V型エンジン

V型エンジンは、比較的大きな排気量の乗用車に搭載されているエンジンですが、小型のV型エンジンもあります。シリンダーをVの字に2列に配置することによって大排気量のエンジンをコンパクトにすることができる上、斜めにシリンダーを配置することで、ストロークを長くすることができるのでトルクをより多く発生することができます。

水平対向エンジン

水平対向エンジンには、空冷と水冷のものがありますが、ピストンが横向きに往復運動をする様から、**ボクサーエンジン**と呼ばれたりします。

空冷ではVW（フォルクスワーゲン）やポルシェ911が有名でした。これらはファンの空気によって強制的にエンジンを冷やすとともに、オイルを長い距離で循環させることによって、油冷の一面も持っていました。

3-9 シリンダー配列

　日本では富士重工の一部の車種に水冷式の水平対向エンジンが使われていますが、航空機メーカーのノウハウが生きています。水平対向エンジンは横長のエンジンなので、重心を低くすることができ、走行安定性に寄与します。

■ シリンダー配列 ■

直列エンジン

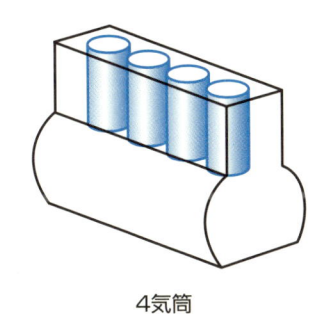

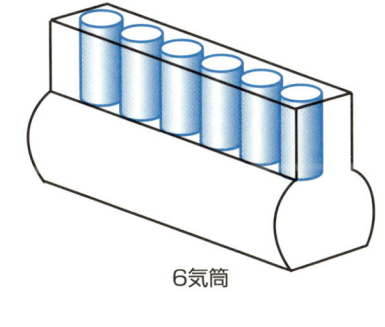

4気筒　　　6気筒

V型エンジン

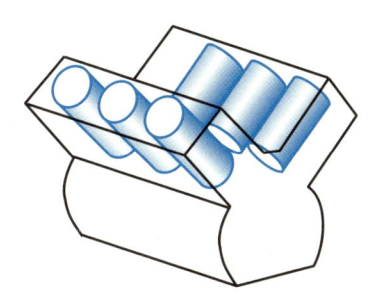

水平対向エンジン

水平対向エンジンは、航空機のエンジンにも使われていた。振動が少なく、重心が低くなる。鋳造されたエンジンのつなぎ部分からオイル漏れすることがある。

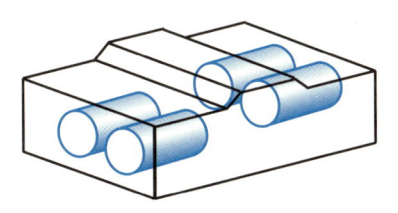

3　4サイクルエンジンの構造と性能

3-10 バルブとカム

4サイクルエンジンにはガソリンと空気を吸入する吸気バルブと呼ばれる弁と、爆発した後の排気をシリンダー外に送り出す排気バルブと呼ばれる弁が付いています。コイルスプリングによって通常は閉じているバルブは、カムによって開きます。

バルブの構造

吸気バルブと**排気バルブ**は、ゴルフのティーのような形状をしています。排気バルブの方が少し小さく*作られます。これは、吸気工程ではシリンダー内の容積が増すことによる負荷に頼って吸気を行うのに比べ、排気工程では熱膨張による外気との圧力差が加わるためです。構造上、高温の排気ガスにさらされる排気バルブには、吸気バルブよりも熱に強い材質が使われたり、内部に冷却機構も持ったりしています。

通常、バルブは**バルブスプリング**によって引き上げられ、バルブの傘の部分が吸気・排気ポートに引っかかってポートを閉じています。この構造はシャープペンシルとよく似ています。ポートを開くには、軸部のおしりの部分（バルブエンド）を押してやります。

バルブの開閉を行うカム

DOHCエンジンの基本的なバルブの開閉は次のようにして行われます。カムが回転して、**カムノーズ**がバルブエンドに取り付けられた**バルブリフター**を押すと、バルブスプリングが縮んでバルブが開きます。カムの回転によりカムノーズが過ぎると、バルブスプリングが伸びてポートがふさがります。

SOHCエンジンでは、カムが、直接バルブリフターを押すのではなく、間にある、てこのような**ロッカーアーム**を作動させます。

＊少し小さく　吸気バルブは、排気バルブの1割増し程度の大きさ。

3-10 バルブとカム

■バルブとカム■

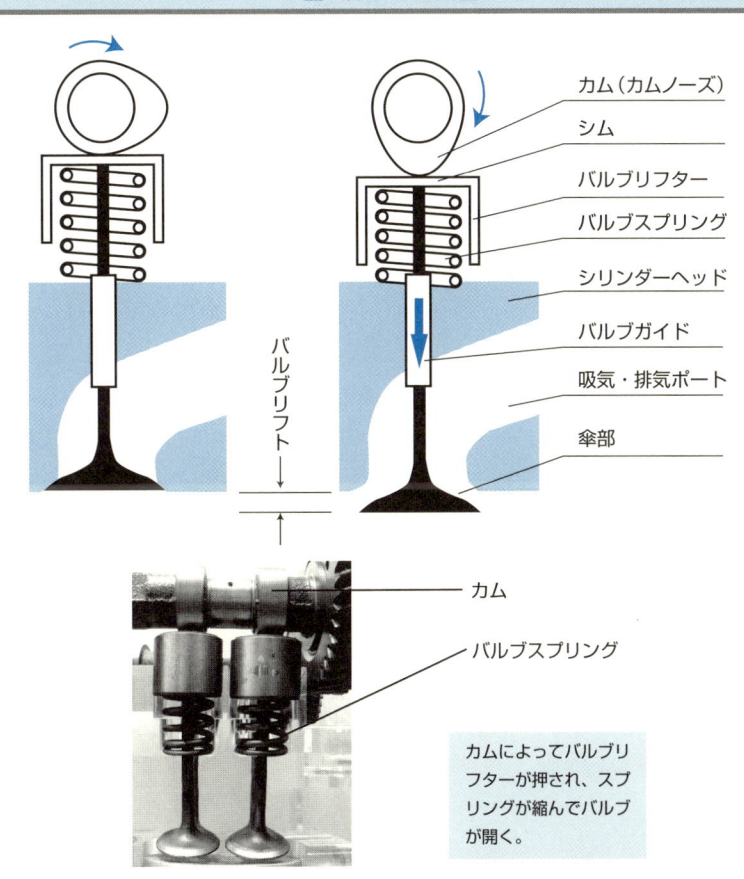

- カム（カムノーズ）
- シム
- バルブリフター
- バルブスプリング
- シリンダーヘッド
- バルブガイド
- 吸気・排気ポート
- 傘部

バルブリフト

- カム
- バルブスプリング

カムによってバルブリフターが押され、スプリングが縮んでバルブが開く。

👉 COLUMN　バルブ数と性能の関係

　最近の車ではマルチバルブ化が進んでおり、多くの弁（バルブ）を設けることで吸気と排気の効率アップを狙っています。これらのバルブの開閉のタイミングを制御するシステムが、可変バルブタイミング機構ＶＶＴ（Variable Valve Timing）です。このシステムは、エンジンの回転や負荷の状況によってバルブの開閉タイミングやリフト量（カムによって弁を開閉する量）を電子制御します。吸気バルブのタイミングを回転数に応じて変化（遅らせる）させることによって、トルクの増大や燃費の向上が可能です。

　このようなシステムは、ハイブリッドエンジンのような高膨張比エンジンには不可欠で、現在、より高度な連続可変バルブタイミング機構が開発されつつあります。

3-11 バルブシステムの駆動

　バルブをタイミングよく開閉するためには、クランクシャフトと同じ様なカムシャフトという機械的な方法が用いられます。カムシャフトを駆動する動力はクランクシャフトから得られ、その伝達方式には、ベルトが利用されます。

■ カムシャフトの位置

　多気筒エンジンでは、点火順序が決まっています。したがって、吸気と排気のタイミングもシリンダーごとに異なります。

　クランクシャフトに決められた回転角度を持ってクランクピンが配置されていたように、1本のシャフトにシリンダーごとのバルブのタイミングをずらしてカムが配置されています。これを**カムシャフト**といいます。

　カムシャフトがシリンダーヘッドにある方式を、**OHC（オーバーヘッドカムシャフト）**方式といいます。これに対してカムシャフトがシリンダーヘッドより下にあって、その動作を**タペット→プッシュロッド→ロッカーアーム→バルブ**の順に伝えているのが**OHV（オーバーヘッドバルブ）**方式です。

■ カムシャフトの駆動

　OHC方式では、クランクシャフトの回転をチェーンによって、シリンダー上部のカムシャフトに伝達しています。ただし、吸気と排気のタイミングは1サイクルに1度ずつで、この間クランクシャフトは2回転します。したがって、クランクシャフト回転数の半分でカムシャフトが回転するように調節されています。

　OHV方式では、カムシャフトの位置がクランクシャフトに比較的近いためにギアが使われることがありました。しかし、こうするとプッシュロッドが長くなるため熱膨張が問題になることもありました。そこで、カムシャフトをシリンダーヘッドに近付ける工夫*がされ、OHV方式の駆動伝達にもベルトが使われています。

***工夫**　この方式を**ハイカム方式**という。

3-11 バルブシステムの駆動

SOHCとDOHC

　OHC方式で、カムシャフトが1本のものを**SOHC（シングルオーバーヘッドカムシャフト）**と呼び、2本のものを**DOHC（ダブルオーバーヘッドカムシャフト）**と呼びます。

　SOHCエンジンは、1本のカムシャフトによって、左右のバルブを開閉します。そのためロッカーアームを介してバルブを作動させます。

　DOHCエンジンには、吸気バルブと排気バルブに独立したカムシャフトを装着します。このため、SOHCエンジンに比べて、中間の部品が少ない分だけ動作が機敏になります。

■OHV・OHC・DOHCのバルブ機構■

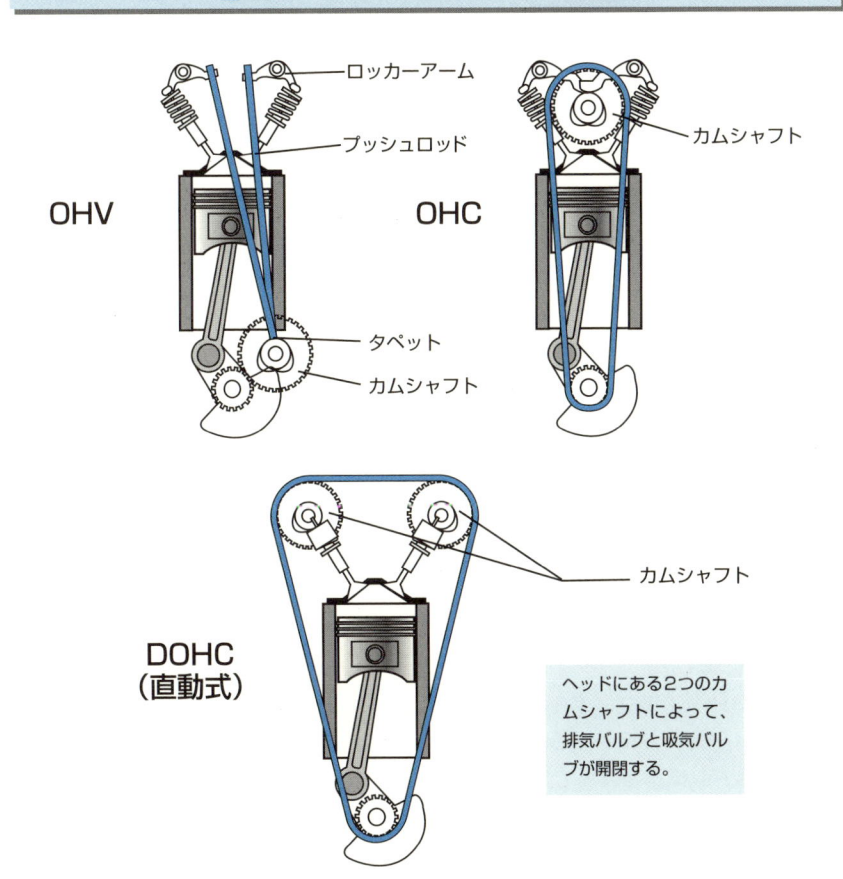

OHV — ロッカーアーム、プッシュロッド、タペット、カムシャフト

OHC — カムシャフト

DOHC（直動式）— カムシャフト

ヘッドにある2つのカムシャフトによって、排気バルブと吸気バルブが開閉する。

4サイクルエンジンの構造と性能

3-12 吸気効率のアップ

1980年代はじめ、ガソリン価格が低下したことなどの理由から、人々はより大きなパワーの自動車を求めるようになりました。自動車メーカーが考え出したのは、同じ排気量のエンジンでも、手っ取り早く出力をアップできる方法でした。

■ エンジンの出力をアップさせるには

エンジンの出力を大きくするには、いくつかの方法があります。その1つがエンジンが吸気する空気量を増やすことです。このため、初期の自動車のエンジンは、ある程度の出力＊を得るために3000ccを超えるような大きな排気量を持っていました。

しかし、排気量を大きくすると、エンジン自体も大きくなり、車体の重量も増えるため、効率のよい方法ではありません。

■ ターボチャージャーとスーパーチャージャー

排気量が同じエンジンでも、シリンダー内により多くの空気と燃料を入れればそれまでよりも大きな馬力が出せます。例えば、2000ccのエンジンに1.5倍の空気を吸入することができれば、エンジンの性能は3000cc並にまでアップさせることができます。これを実現するための装置が**過給装置**＊です。

過給装置の1つ、**ターボチャージャー**は、排気ガスを使って、タービンを回転させ、それを動力として吸気側のコンプレッサーを作動させる仕組みです。ターボチャージャーはその構造上、エンジンの回転数がある程度上がらないと効果が出ません。そのため、エンジンの排気量が大きくなるにつれて、中、高速回転域を重視したスポーツカーにしか搭載されなくなっています。

スーパーチャージャーは、ターボチャージャーの弱点を克服するため、エンジンの駆動力によってコンプレッサーを作動させます。このため、エンジン効率が数％程度低下してしまいます。

＊**ある程度の出力量**　馬力は現在の同クラスの自動車に比べて数分の1程度しかなかった。
＊**過給装置**　過給器については、「4-9　過給器」も併せて参照のこと。

3-12 吸気効率のアップ

■ ツインカム4バルブ

　新しい空気をできるだけ多く取り入れるために、吸気口を大きくする方法と、吸気バルブの数を増やす方法が考案されました。

　吸気口を大きくするには、ボアを大きくすることで対応しました。しかし、これはバルブが大きくなり、重くなるため動作が鈍くなるという欠点がありました。

　吸気バルブの数を増やすためには、高速でも確実にバルブが開閉する機構が必要でした。カムシャフト方式をDOHCにすると、4バルブ*を高速で作動させることができるため、吸気効率を上げることができます。DOHCは、カムシャフトが2本あるため、**ツインカム**とも呼ばれます。

■エンジンの性能アップ■

出力アップ
- 吸気効率アップ ─ ターボチャージャー
　　　　　　　　　 スーパーチャージャー
　　　　　　　　　 ツインカム4バルブ
　　　　　　　　　 可変バルブタイミング機構
- 排気量アップ
- 高回転

▼エンジン

エンジンのパワーアップは、単純には排気量を上げることで達成できるが、同じ排気量でパワーアップさせるために様々な工夫が行われている。

＊4バルブ　4気筒ならば合計16バルブになる。

3-13 エンジンの性能

エンジン性能としてカタログなどに表示されるのは、最高出力と最大トルクです。最高出力は、エンジンの仕事量で、一般に最高出力が高いエンジンでは、スピードが出るといえます。一方、トルクは車輪を回転させる力強さで、加速性能や扱いやすさに通じるエンジン性能です。

■最高出力

自動車のエンジン出力の単位は、**PS**＊（**馬力**）で表されていました。1馬力は、75Kgの物体を1秒間に1m引き上げるときの仕事量です。最近はメートル法によってKwが使われています。

エンジンの出力は、ある回転数で最高になり、その回転数より小さくても大きくても最高出力には届きません。自動車のカタログなどでは、77PS/5000r.p.m.などと表示され、この場合はクランクシャフトの回転が5000回転/分（**r.p.m.**＊）のとき、77PSの出力を行うという意味になります。

■最大トルク

トルクとは回転力です。スパナでネジを回す作業を例にすると、トルクの大きさは、ネジの中心からスパナの持ち手までの距離と、回そうとする力との積で表されます。トルクが大きいと、それだけ自動車を進める力が大きいといえます。

エンジンの**最大トルク**は、11.7kgm/4200r.p.m.などと表示されますが、これは、クランクシャフトの回転が4200回転/分のとき、半径1mの円の円周上の接線方向に11.7kgの力が発揮されることを示しています。

自動車は最大トルクの付近で最も加速することができ、余裕を持って運転ができることになります。

＊**PS**　　Pferde Starkeの略。
＊**r.p.m.**　　revolutions per minuteの略。1分間あたりの回転数。

3-13 エンジンの性能

　最大トルクを発生する回転数は、最高出力を発生する回転数よりも小さいのが一般的です。

エンジン性能曲線

　エンジンの回転数によって、最高出力と最大トルクがどのように変化するかをグラフに示したのが、エンジン性能曲線です。

　グラフを見るとわかるように、最高出力に達するまでは、回転数が上がると、出力は急激に大きくなります。しかし、5000r.p.m.のような高回転で走行することはほとんどないでしょう。

　それよりは通常は、トルクの曲線に注目します。トルク曲線がなだらかで平らな場合は、どの回転数でも平均して力が出ることになります。低速回転域にトルクカーブのピークがある場合は、スタートダッシュがしやすいことを示しています。

■エンジン性能曲線と最大トルク■

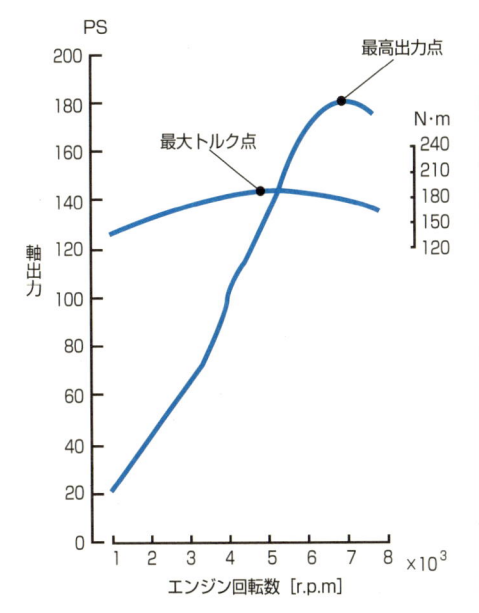

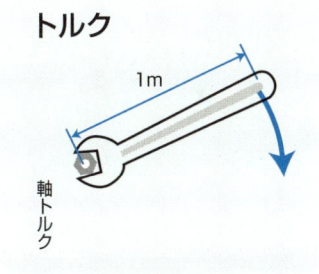

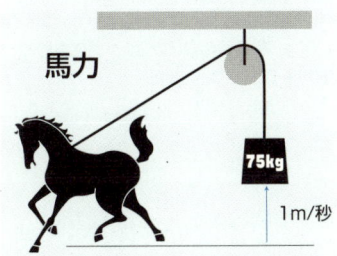

3-13 エンジンの性能

☞ COLUMN モーターで動く自動車

● 電気自動車

　電気自動車は、従来から公共交通（バス）などには使用されています。バッテリーの重量が重い上に、急速に充電をした場合にバッテリーの寿命が短くなるという問題が残っており、現在の技術では、限定地域内での公共的な使用を除き、一般の乗用車に採用される可能性は低いと思われます。

● 燃料電池自動車(FCV)

　燃料電池車は、次世代自動車の本名とされています。世界の自動車メーカーが独自の技術で開発を進めて来ましたが、燃料の統一も必要になってくるため、最近では技術提携で開発を進めるケースも出てきました。

　燃料電池車は、自動車の燃料電池内で化学反応によって電気を生み出し、その電力を使用してモーターを駆動させるものです。

　現在、開発中の車両の燃料としては、液体水素、圧縮水素ガス、メタノール天然ガス、ガソリンなどがありますが、どれも排出される大半のガスが、水であり、環境に優しい自動車です。近頃、トヨタとホンダは型式認定の取得を申請し、市販化への動きが加速しそうです。

▼電気自動車

市街地での共同使用が想定されているトヨタのe-comは、家庭用のコンセントで充電可能な電気自動車。

第4章

エンジンの補助装置

エンジンを動かすためのエンジン周辺部品はどのような役割をしているのか、どういう原理で作動しているのか、車を走らせるためのほかの部品についても簡単に説明していきます。

4-1 エンジンの冷却方式

エンジンは混合気の爆発によってパワーを生み出すため、高温になります。冷却しないと、オイルが焼けてピストンやバルブが焼き付いてしまったり、燃焼室内で異常燃焼が起きたりします。エンジンの冷却方式には、空冷式と水冷式があります。最近は空冷エンジンの自動車が少なくなりました。

オーバーヒートとオーバークール

エンジン内の温度が上がり過ぎると、潤滑不良やノッキングなどを引き起こします。反対にエンジンが冷え過ぎていると、空気と燃料がうまく混ざりあわずに出力の低下や燃焼悪化を引き起こします。これらは、燃費を悪くしたり、シリンダー内の磨耗を早めることもあります。

冷却装置は、このような**オーバーヒート**や**オーバークール**を防止し、適正な温度（排ガスのきれいな状態）でエンジンを使用するためのシステムです。

空冷式

表面積を増やすためにエンジンに薄板状の**クーリングフィン**を設け、そこに風を通すことでエンジンを冷却する方式を**空冷式**といいます。ただし、多くの空冷エンジンでは、空気による冷却だけでは不十分なため、**オイルクーラー**を付けたり、オイルの循環距離を長くしてオイルの温度を下げる工夫をしています。空冷エンジンは、冷却システムの構造が単純で、また様々な地域の気温の変化にも比較的簡単に対応できます。

水冷式

シリンダー内の燃焼ガスの温度は2000℃にもなり、これを効率よく冷却するためには一般に**水冷式**が有利です。

水冷式のエンジンは、シリンダー周辺に**ウォータージャケット**と呼ばれる水の通路を設けて、クランクシャフトに連動した**ウォーターポンプ**によって冷却水を循環させてエンジンを冷やしています。

4-1 エンジンの冷却方式

排ガス規制強化により、燃焼温度を一定に保つため、ほとんどすべての自動車のエンジンは水冷式になっています。

■空冷式■

空冷式

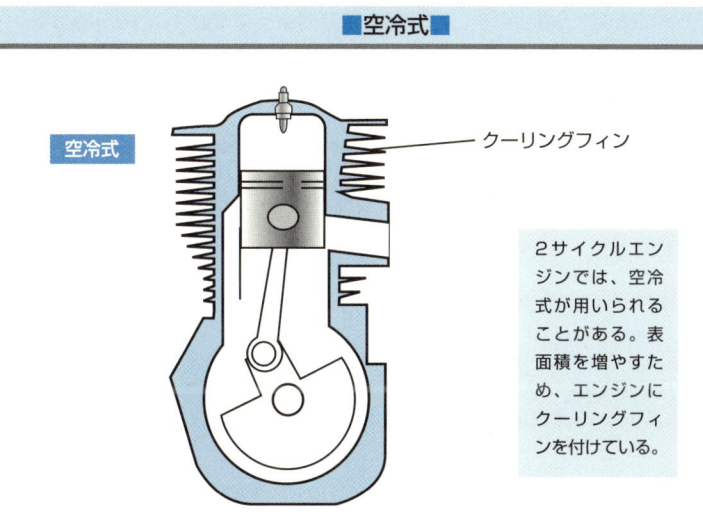

クーリングフィン

2サイクルエンジンでは、空冷式が用いられることがある。表面積を増やすため、エンジンにクーリングフィンを付けている。

■水冷式の水の流れ■

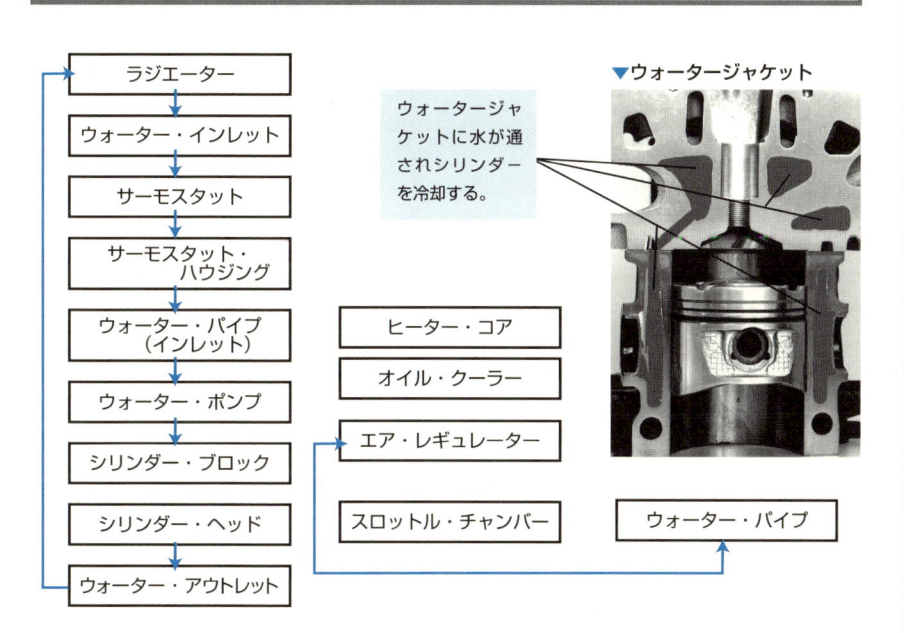

ラジエーター → ウォーター・インレット → サーモスタット → サーモスタット・ハウジング → ウォーター・パイプ（インレット）→ ウォーター・ポンプ → シリンダー・ブロック → シリンダー・ヘッド → ウォーター・アウトレット

ヒーター・コア
オイル・クーラー
エア・レギュレーター
スロットル・チャンバー

▼ウォータージャケット

ウォータージャケットに水が通されシリンダーを冷却する。

ウォーター・パイプ

4 エンジンの補助装置

4-2 水冷装置

エンジンを冷却するには、水が使われます。シリンダー周囲のウォータージャケットに循環させた水が、混合気の爆発によって発生した熱を受け取って、ラジエーターに送られます。ラジエーターは、熱を効率的に空気中に放出する仕組みを持っています。

ラジエーター

エンジンによって加熱された水は、**ラジエーター**（放熱器）に送られます。ラジエーターは、細い管に水を通し、放熱面積を多くして、走行中の空気によって水を冷やすもので、通常エンジンの前部に装着されています。

▼ラジエーター

一般に、FF車では停車時等の冷却用に電動ファンを動かして冷却を行います。FR車ではエンジンの回転を利用してファンを回します。

サーモスタット

サーモスタットは、冷却水の温度を80℃程度に保つための弁です。エンジンの始動時には閉じていて、エンジンが温まったら開いて、冷却水の循環が始まります。

現在使われているサーモスタットには、**ワックスペレット型**と**ベローズ型**があります。これらは、内部のワックスやエーテルの融解や膨張の性質を利用した構造になっています。なお、車内の水温メーターの表示は、水温センサーによる情報によるもので、電動ファンを作動することにも利用されます。

冷却水

冷却水は、蒸留水と**ロングライフクーラント**（LLC）を一定の比率で混合した液体が使用されます。LLCにはエンジン内の防錆効果や水の沸点を押さえる効果、冷却水が凍らないようにする効果もあります。

4-2 水冷装置

■エンジンの冷却システム■

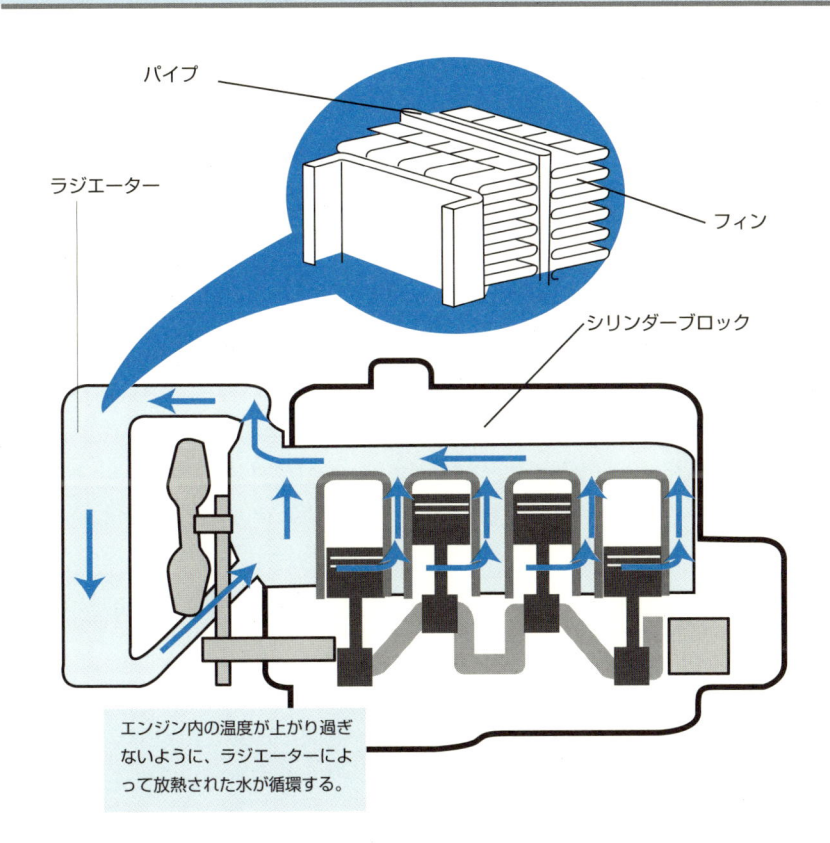

- パイプ
- ラジエーター
- フィン
- シリンダーブロック

エンジン内の温度が上がり過ぎないように、ラジエーターによって放熱された水が循環する。

4 エンジンの補助装置

👉 COLUMN　空冷へのこだわり

　今では、ほとんど空冷エンジンを見かけなくなりました。空冷エンジンは、温度管理がしにくく、騒音が大きいというのがそのおもな理由です。

　空冷エンジンといえば、ポルシェやVW（フォルクスワーゲン）などが思い出されます。水の補給が難しい砂漠で使用できるため軍用車として空冷のVWが高い評価を得ていたのだといわれています。

　空冷エンジンは、ラジエーターなどの装備を必要としない分、重量を軽くできるメリットがあります。かつてホンダは、このメリットを生かしたF1マシンを作ったことがありましたが、結果は惨憺（さんたん）たるものでした。ホンダの空冷の実用車としては、ホンダN360がありました。こちらはかわいい軽自動車でした。

4-3 潤滑システム

エンジン内には、ピストンやシリンダー、クランクシャフトなど、金属同士が接する往復運動や回転運動をする箇所が多くあります。直接金属同士が接しないように、潤滑油を送り込み、摩擦を極力小さくするのが潤滑装置の役目です。

潤滑系統

エンジンオイルによるエンジン各部の潤滑は、エンジンの正常な動きになくてはならないもので、エンジンの構造と一体となっています。動作中、摩擦の起きる部分に絶えまなくエンジンオイルを送り込む方式として、**圧送式**（あっそうしき）が使われています。また、シリンダ壁やピストンとそのほかの小さなベアリングやギアには、コンロッドに取り付けられた**オイルディッパ**＊が**オイルパン**のエンジンオイルをはねかけて潤滑を行います。

オイルパンからオイルポンプ

エンジンオイルはエンジン下部のオイルパンに溜められていて、ここからオイルポンプにより、オイルストレーナーを通して吸い上げられます。このとき、エンジンオイルといっしょに空気を吸い込まないように工夫＊されています。

オイルポンプには、**ギア式ポンプ**や**トロコイド式ポンプ**などが用いられます。これらは歯車の回転によってポンプ内の空間の大きさを変化させ、エンジンオイルを押し出しています。

オイルフィルター

通常、オイルポンプの前後には、オイル内の異物を取り除く目的で**オイルフィルター（オイルエレメント）**が取り付けられます。特に、ポンプ後のフィルターを**オイルクリーナー**と呼んで、**オイルフィルター**ごと取り外して、清掃や取り替えを行うことができるようになっています。

＊**オイルディッパ**　オイルパンのオイルをすくって飛ばすための油さじ。
＊**工夫**　　　　　バッフルプレートにより、油面が一定に保たれるようになっている。

4-3 潤滑システム

■オイルの流れ■

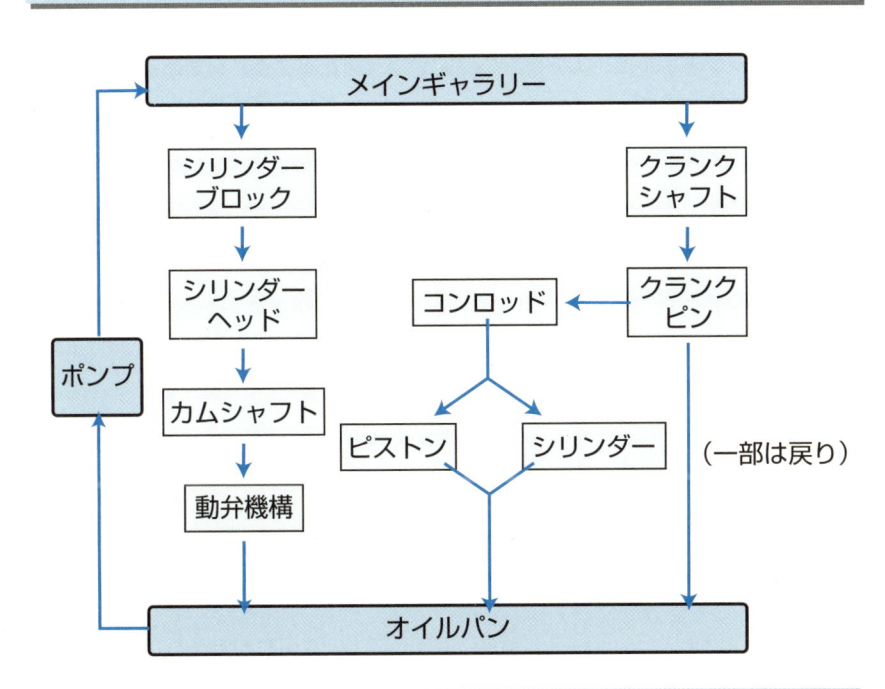

```
          メインギャラリー
         ↓              ↓
    シリンダー         クランク
    ブロック          シャフト
       ↓                ↓
    シリンダー         クランク
    ヘッド            ピン
       ↓                ↓
    カムシャフト    コンロッド
       ↓           ↓      ↓
    動弁機構    ピストン  シリンダー    （一部は戻り）
       ↓
          オイルパン
              ↓
            ポンプ → メインギャラリー
```

■オイルポンプ■

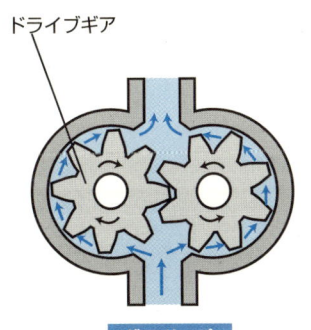

ギアポンプ

ドライブギア

クランクシャフトによって片方のギヤが回転し、それに噛み合っているもう一方のギヤも回転する。

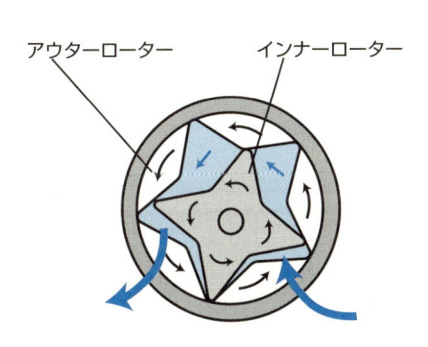

トロコイドポンプ

アウターローター　インナーローター

5つの凹部のあるアウターローターが、4枚羽根のインナーローターの駆動による圧力差によってオイルを送る。

4 エンジンの補助装置

4-4 エンジンオイル

エンジンオイルは、エンジンの性能や寿命を左右することもある自動車にとって極めて重要なものです。エンジンの種類や使用用途によって、エンジンオイルは使い分けられます。特にエンジンオイルの性質の中で粘性（粘度）は重要で、エンジンの種類や用途によって適切なものを使いましょう。

■ エンジンオイルの役目

エンジンオイルには、エンジン内の可動金属部分の潤滑のほかに、洗浄や冷却、防錆などの効果もあります。

■ エンジンオイルのグレード

エンジンオイルの粘度は、エンジンのパワーや燃費に影響を与えます。レースに参加するようなエンジンに大きな負荷がかかる場合は、粘度の高いエンジンオイルを選びます。

エンジンオイルのグレードを選ぶ基準として、**SAE***が定めたエンジンオイルの規格が参考になります。この基準はSA〜SMなどと表示されます。粘度は、これとは別に5W-50や10W-30などと表示されます。Wの前の数字は低温での粘度を示し、値の小さい程粘度が小さくなります。後の数字は、高温での粘度を示します。例えば10W-30は、-18〜40℃まで耐えられます。

■ エンジンオイル使用の留意点

エンジンオイルはエンジンの種類や季節によって、様々な種類があり、そのエンジンにあったものを使用しないと、エンジンを傷めることにもつながります。また、エンジンオイルやオイルフィルターは、適正な交換時期に交換が必要です。

オイル添加剤というものも市販されていますが、古いエンジンやレース等の高回転域を多用する場合に有効です。燃費が向上したという実例も報告されていますが、エンジンに合ったものを選ぶことが重要です。

＊**SAE** 　Society of Automotive Engineeringの略。アメリカ自動車技術協会。

4-4　エンジンオイル

■エンジンオイルの役割■

潤滑	摩擦による金属の磨耗を防ぐ役割
洗浄	カーボンやスラッジ、金属粉等をフィルターへ運ぶ
冷却	オイルの循環によってエンジン内を冷却する役割
防錆	油膜によって、エンジン内部の錆を防ぐ
気密	ピストンとシリンダーの間を塞いで圧力を保持する
緩衝	部品がぶつかりあうことによる破損や磨耗を防ぐ

■エンジンオイルの性能カテゴリ■

カテゴリ	説　明
SL	すべての自動車に使用可能。省エネルギー油として最高品質のオイル。
SJ	1996年以降のガソリン車に適用。排ガス対策年で内含リン量が抑えられた。
SH	1993年以降のガソリン車に適用。
SG	1989年以降のガソリン車に適用。
SF	1971年以降のガソリン車に適用。
SB	添加油。添加物のはたらきを若干必要とする軽度の運転条件のためのオイル。
SA	無添加純鉱物油。軽度の運転条件のためのエンジンオイル。

エンジンの性能や走り方に適するように、エンジンオイルにはランクがある。環境問題や省エネルギー対策からエンジンの性能が上がると、エンジンオイルの性能も見直される。API規格はエンジンオイルのベースオイルの基準となるもので、SAからはじまって、現在はSJまたはSHレベルが一般的。

■オイルフィルター■

▼オイルフィルター

ろ紙

オイルフィルターには、ろ紙が詰め込まれている。このフィルターをオイルが通過するときに異物がろ過される。一定走行距離で交換する。

4　エンジンの補助装置

4-5 エンジン電装

自動車が進化するにしたがって、電気部品が多用される傾向にあります。電気部品は機械部品と違って音や目で見て良否の判定をすることが難しく、未来の自動車整備士には一層の電気的な知識と診断装置等の設備が必要になってくることでしょう。

■ エンジン電装

自動車の電力はエンジンの駆動力によって発電され、**バッテリー**に蓄えられます。また、エンジンは、バッテリーの電力でモーターを起動してエンジンを始動*します。点火プラグの点火にもバッテリーの電力が使われます。

■ 充電システム

エンジンの駆動によって得られる回転力を使って**オルタネーター**で発電を行います。この電気は、バッテリーに蓄えられます。オルターネーターが発電するのは交流です。以前は、ダイナモ（直流式の発電機）を使用していましたが、最近ではダイオードの特性を利用したICレギュレーター（整流装置）付の交流発電機によって発電を行っています。

■ 始動システム

セルモーターは、エンジンを始動させるときに使用するモーターです。マグネットスイッチ部分とモーター部分に分かれており、ピニオンギアがフライホイールのリングギアにかみ合ってエンジンを始動します。ピニオンギアはスタータースイッチをオンにしたときに飛び出すようになっています。

■ 点火システム

点火プラグの点火は、バッテリーの電力による発火が使われます。12Vの電圧をディストリビューターによって高圧電流を生み出し、点火プラグに火花を発生させます。

＊**エンジンを始動**　初期の自動車では、クランクを手動で回してエンジンを始動させていた。

4-5 エンジン電装

■バッテリー■

▼鉛バッテリー

従来はバッテリー液の補充が必要だったが、現在は密閉されたメンテナンスフリーのバッテリーに代わっている。

■スターター■

出力1.4kwの小型スターター。

バッテリーによってモーターを回転し、先端にあるピニオンギアによって、クランクシャフトのフライホイールを回転させる。

ピニオンギア

4 エンジンの補助装置

91

4-6 発電機とバッテリー

エンジンの駆動を利用した交流発電機（オルタネーター）と、その電力を蓄えるバッテリーが自動車の充電システムです。オルタネーターで発電された電流は、充電されずに使用されることもあります。このとき、エンジンの回転数によらずに電圧を一定にするための電気回路も組み込まれています。

発電と充電

オルタネーターでは、バッテリーの電力を使って作った磁界を使って電力を誘起するため、**ダイナモ**に比べて小型軽量化が実現できています。

オルタネーターで発電される電流は交流電流ですが、自動車で使用される電流は直流電流なので、オルタネーター内部には、ダイオードによる整流回路も組み込まれています。

ジェネレーターレギュレーター

発電機はクランクシャフトによって駆動するため、発電機の回転もエンジンの回転数に影響を受けます。**ジェネレータレギュレーター**は、電圧を一定に保つ働きをしています。

通常、ボルテージレギュレーターとボルテージリレー*によって、電圧を13V弱に保つように設定されています。

バッテリー

最近の乗用車のバッテリーは、直流式12V仕様の**鉛蓄電池**が大半*です。その構造は、鉛の電極を希硫酸に浸したもので、金属と水溶液との化学変化によって直流電流を生み出し、ほかから電圧を加えられれば、充電するといったものです。

電機部品とりわけモーター類を多用する最近の自動車では、より小型で高性能なバッテリーが求められています。

＊ボルテージレギュレーターとボルテージリレー　2つとも、発電する電圧と電流を一定に保つための装置。
＊鉛蓄電池が大半　ハイブリッド車には、ニッケル水素バッテリー等の高性能バッテリーが搭載されているものもある。

4-6 発電機とバッテリー

■発電機（オルタネーター）■

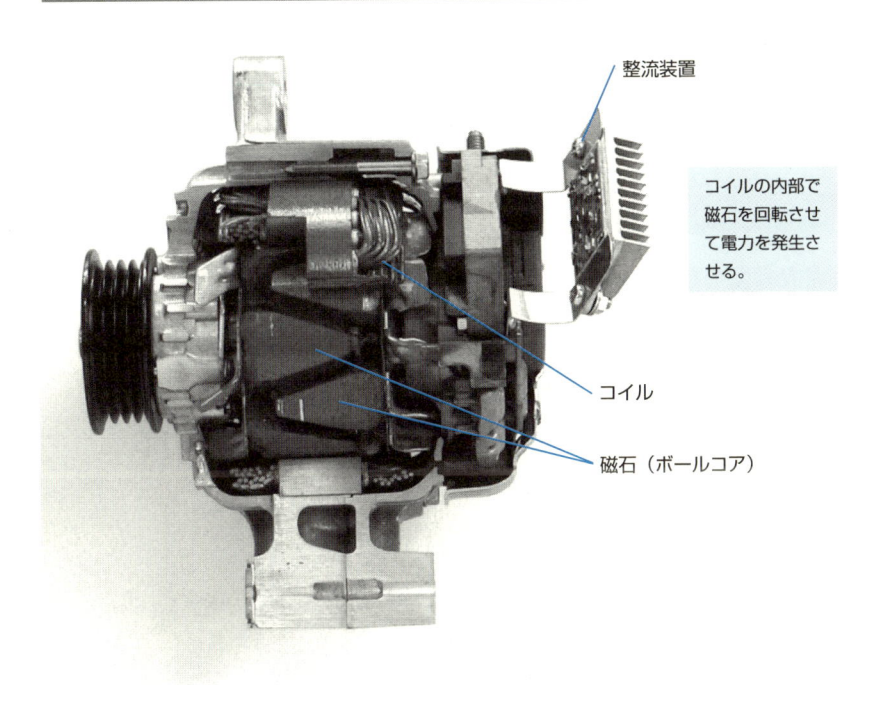

整流装置

コイルの内部で磁石を回転させて電力を発生させる。

コイル

磁石（ボールコア）

■鉛蓄電池（バッテリー）の化学変化■

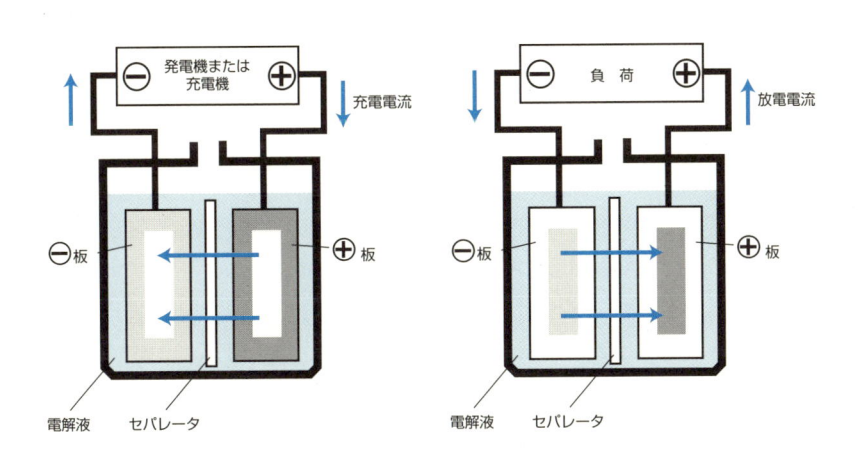

発電機または充電機　充電電流
⊖板　⊕板
電解液　セパレータ

負荷　放電電流
⊖板　⊕板
電解液　セパレータ

4 エンジンの補助装置

4-7 点火システム

バッテリーによるわずか12Vの電圧をそのまま使ったのでは、点火プラグに火花を発火することはできません。点火プラグに放電させるには、12000V以上の高電圧が必要です。このためには、電磁誘導を使ったフルトランジスター式の点火装置が開発されています。

■ 点火装置の働き

点火装置の働きは2つあります。1つ目は、高電圧にすること。2つ目は、各気筒の点火プラグに順番に点火信号を送ることです。

高電圧の電流を発生させるには、**イグニッションコイル**を使った点火装置が使われています。

■ 高電圧を生み出す仕組み

バッテリーの電圧を1万V以上の高電圧にするには、2つのコイルの間の**相互誘導**を利用します。これは、1次コイルに流れる電流の入り／切りを行うと、2次コイルに誘導電流が発生する現象で、2次コイルに発生する電圧は、1次コイルと2次コイルの巻数に比に比例するというものです。例えば、1次コイル（100回巻）と2次コイル（1000回巻）を右図のように置き、1次コイルのスイッチを入れて、電圧12Vの電流を流すと、その瞬間に2次コイルには、電圧120Vの電流が流れます。

■ イグニッションコイル

1次コイルと2次コイルを右図のように「H」をくり抜いたような鉄芯にコイルに巻いたものをイグニッションコイルといいます。最近では、コイルを点火プラグ側に配置することが多くなっています。

イグニッションコイルは、棒状の鉄芯で作ったコイルに比べて、相互誘導の作用が強まります。イグニッションコイルへの電流の入り／切りは、**シグナルジェネレーター***が行います。

＊シグナルジェネレーター　　磁石とコイルを利用して電圧を定期的に変化させる装置。

4-7 点火システム

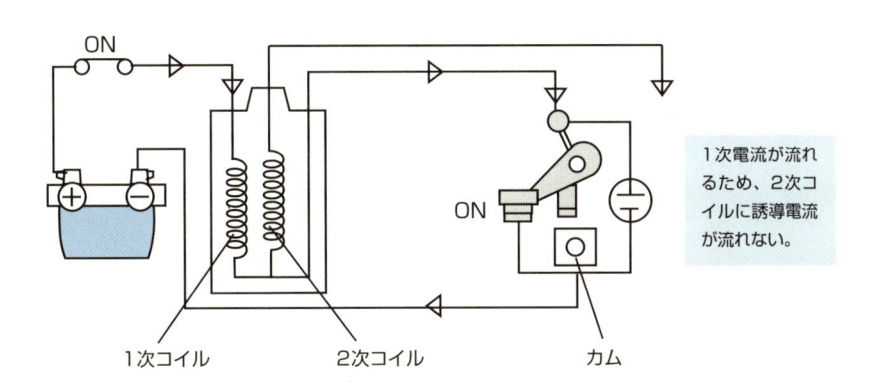

■点火システム■

1次電流が流れるため、2次コイルに誘導電流が流れない。

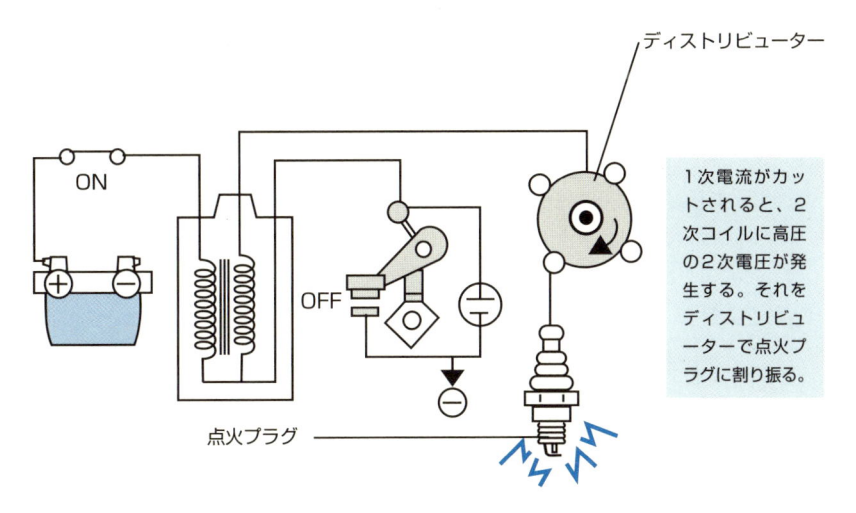

1次コイル　2次コイル　カム

ディストリビューター

1次電流がカットされると、2次コイルに高圧の2次電圧が発生する。それをディストリビューターで点火プラグに割り振る。

点火プラグ

■イグニッションコイル■

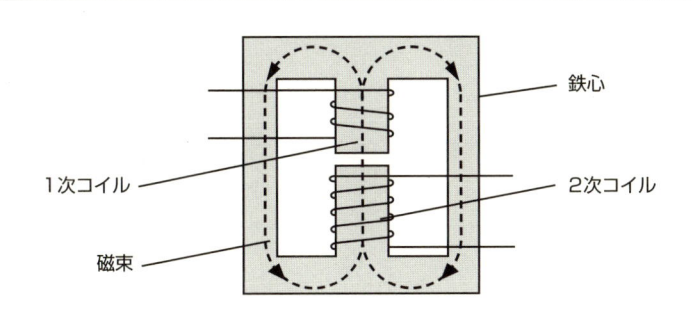

鉄心
1次コイル
2次コイル
磁束

4　エンジンの補助装置

ディストリビューター

配電器とも呼ばれる**ディストリビューター**は、イグニッションコイルからの高圧電流をタイミングよく点火プラグに送る役割をしています。

イグニッションコイルからの高圧電流は、ディストリビューター上部のキャップにある電極で受け取られ、キャップ内の中央にある**ローター**に触れています。

キャップの内側には、各気筒の点火プラグとつながれた電極があり、回転するローターの電極と触れることで、点火プラグに高圧電流が流されます。

各点火プラグへの通電のタイミングは、圧縮工程の最後でピストンが上死点にきたときです。

点火順序については、クランクシャフトの端から順番というわけにはいきません。クランクシャフトへの負荷を軽減するための点火順序が、気筒数ごとに考案されています。

ローターは、クランクシャフトの駆動力を使って回転します。このとき、2回転する間にローターは、1回転すればよいことになります。実際には、カムシャフトの回転を歯車を使ってローターを回転させています。

点火プラグ

放電によって混合気に着火する役目をするのが各シリンダーに設置される**点火プラグ（スパークプラグ）**です。

ディストリビューターのプラス極と点火プラグのターミナルが接続され、中心電極に通じています。中心電極とL字型の接地電極の空間に放電が起きます。接地電極がマイナス側になるわけですが、マイナス側の電流はエンジン本体を通して電流が流れるため、配線はありません。このような配線方式をボディアースといい、自動車の電装系統ではよく使われます。

点火プラグの電極には、1万V以上の高圧電流が流れ、混合気が爆発するときの高温（2000℃）と高圧（40気圧）に耐えなければなりません。

4-7 点火システム

■ディストリビューター■

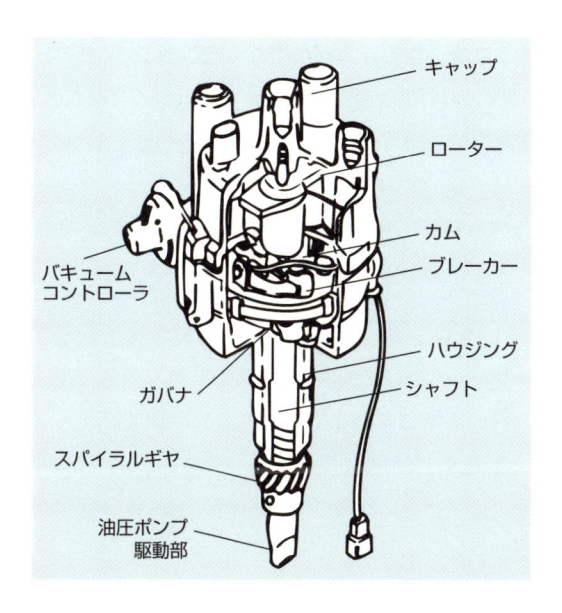

- キャップ
- ローター
- カム
- ブレーカー
- ハウジング
- シャフト
- バキュームコントローラ
- ガバナ
- スパイラルギヤ
- 油圧ポンプ駆動部

ディストリビューターは、各シリンダーの点火プラグに電気を分配する。

■点火プラグ■

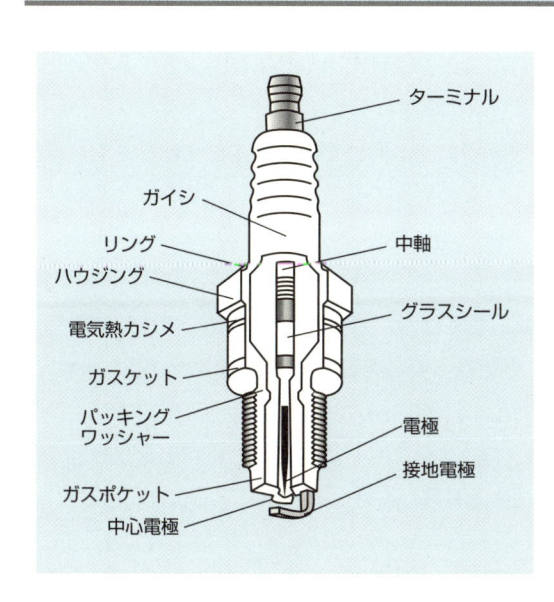

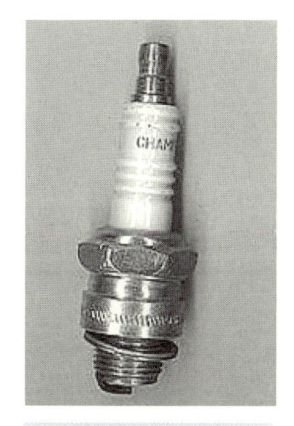

- ターミナル
- ガイシ
- 中軸
- リング
- ハウジング
- 電気熱カシメ
- グラスシール
- ガスケット
- パッキンワッシャー
- 電極
- 接地電極
- ガスポケット
- 中心電極

点火プラグには約1万ボルトもの高電圧がかかる。その先端部は約2千度、数十気圧にもなる。

4 エンジンの補助装置

4-8 吸気システム

エンジンで燃料を爆発させるには、空気が不可欠です。エンジン内に取り入れる空気の量は、重量比で燃料の15倍程度にもなります。吸気システムのおもな役割は、取り入れた空気中にあるゴミ等の浮遊物を除去して、エンジンを守ることにあります。

■ 吸気システム

　車外から空気を取り入れて、シリンダー内に導くのが**吸気システム**です。吸気システムは、**エアクリーナー**、空気量の調整のための**スロットルバルブ**、シリンダーごとに空気を振り分ける**マニホールド**からできています。

　自動車には、空気を吸い込むための特別な装置はありません。エンジンの吸気工程でピストンが下がることでシリンダー内の気圧が減少し、吸気ポートから空気を吸い込んでいます。

■ エアクリーナー

　エアクリーナーで空気中のチリやほこりを取り除きます。エアクリーナー中には、特殊な繊維で作られた空気のろ紙のような**エレメント**があり、ここを空気が通過するときに異物が取り除かれます。

　エレメントは、掃除機のフィルターと同じで、目づまりを起こす前に交換することが必要です。

■ マニホールド

　マニホールド*は、**多岐管**とも呼ばれ、混合気を各気筒に導くための管です。このとき、どの気筒にも均等に混合気を送り込まなければなりません。慣性吸気をうまく利用するために、管の形状や太さなどが工夫されています。

　エンジンが温まっていない間は、マニホールド内での燃料の気化を保つため、マニホールドの温度を高める装置が取り付けられていることもあります。

＊マニホールド　　吸気用に使われるものをインテークマニホールド、排気用のものをエキゾーストマニホールドと呼んで区別することもある。

4-8 吸気システム

■吸気システム■

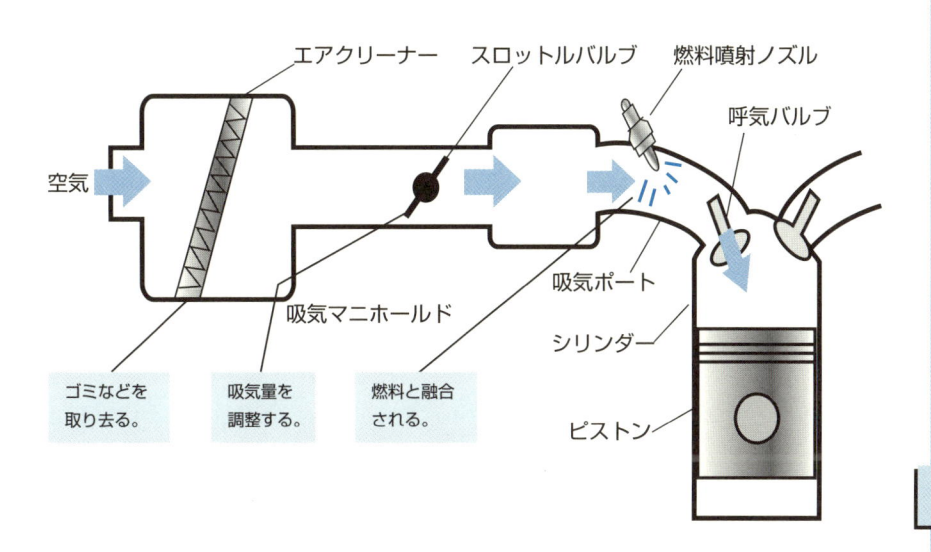

- エアクリーナー — ゴミなどを取り去る。
- スロットルバルブ — 吸気量を調整する。
- 吸気マニホールド — 燃料と融合される。
- 燃料噴射ノズル
- 呼気バルブ
- 吸気ポート
- シリンダー
- ピストン
- 空気

■エアクリーナー■

エアクリーナーはエンジン内に異物が入らないように除去するのが目的だが、目づまりを起こす前に交換することが必要。

エレメント（フィルター）

4 エンジンの補助装置

4-9 過給装置

エンジンは、シリンダーの上下による負圧を利用して、空気を吸入したり排出したりしています。過給装置は、より多くの空気を吸い込むための装置です。自動車エンジンの一般的な過給装置であるターボチャージャーの原理は、航空機のジェットエンジンからの転用です。

■ ターボチャージャー

　ターボーチャージャーは、排気を利用してタービンホイールを回し、同軸上にあるコンプレッサーホイールによって吸入空気を圧縮する装置です。

　タービンは非常に高速で回転させるため、オイルに浮かせている状態で回転させます。そのため、ターボチャージャー車両ではターボ用のオイルを使用する必要があります。

　タービンがある一定の回転数になるまでターボチャージャーの効果はありません。これをターボラグといいます。また、ターボチャージャーは、急激な温度変化に弱いため、エンジン停止前にしばらくアイドリングの状態を保って、冷ますなどの配慮をします。

　ターボチャージャーで空気を圧縮すると空気の温度が上がり、密度が下がります。そのために、インタークーラーを付けることが多いです。同様に、高温のエンジンオイルを冷やすオイルクーラーが付くことがあります。

■ スーパーチャージャー

　スーパーチャージャーは、正式名称をメカニカルスーパーチャージャー（機械式過給機）といい、ターボチャージャーが排気の流れを利用してタービンを回転させるのに対して、エンジンのクランクシャフトの回転を利用し、機械式の圧縮ポンプを作動させて過給を行います。

　現在多く利用されているスーパーチャージャーの圧縮方式はルーツ式で、2つのまゆ型ローターを回転させて、空気を圧縮して排出しています。

　スーパーチャージャーでは、エンジンのトルク性能が向上し、低中速時の

レスポンスがよくなります。しかし、クランクシャフトの駆動力を使用するため、エンジン効率を数％低下させてしまうので、現在ではほとんど使用されません。

■ターボチャージャー■

吸気
コンプレッサーホイール
タービンホイール
排気

ターボチャージャーは、エンジンの排気を利用してタービンを回転させ、同軸上のタービンによって吸気を圧縮する。

排気によってタービンを回転させ、吸気する空気を圧縮する仕組みがターボチャージャー。

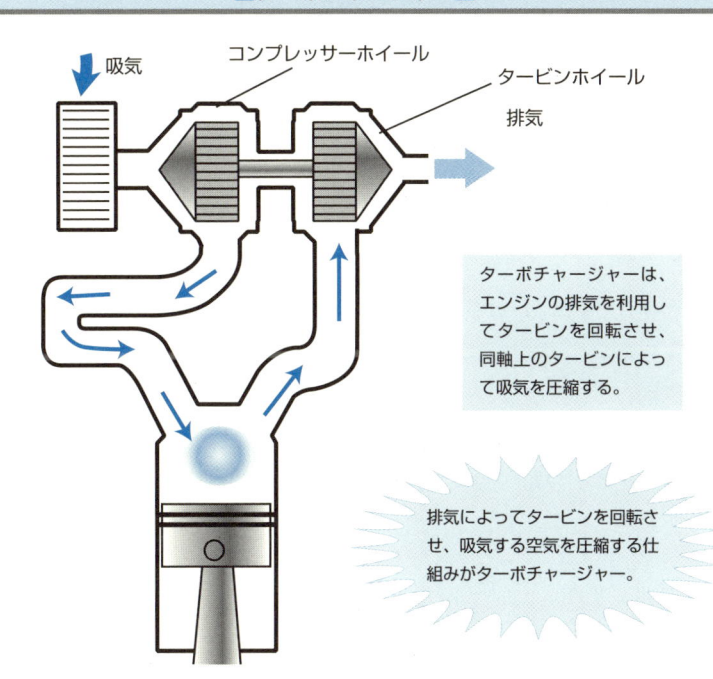

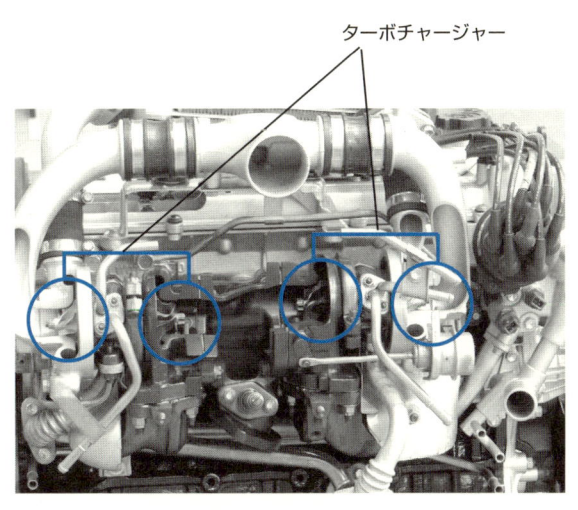

ターボチャージャー

ツインターボでは、ターボチャージャーが2組ある。

4-10 燃料システム

燃料システムは、エンジンに燃料を供給するためのシステムです。中でも燃料と空気とを混合する役割を果たしているのが、燃料噴射装置やキャブレターです。ここでは、燃料タンクと噴射装置について説明します。コンピュータによる制御付きの燃料噴射装置については次節で説明します。

■ 燃料タンク

燃料を蓄える場所が**燃料タンク（フューエルタンク）**です。エンジンの熱を避けるため、多くは車体後部に設置されています。

燃料タンク内では、燃料が気化していて、以前はこのまま大気中に排出していましたが、現在はこの燃料の蒸気をキャニスターに蓄え、燃焼室まで導いて利用しています。

燃料タンクから燃料噴射装置に燃料を送るのが、**フューエルポンプ**です。ここからエンジンルームまで、パイプや燃料ホースを通して燃料を送っています。なお、燃料経路は2本あり、もう1本は使わなかった燃料を燃料タンクに戻すのに使われています。

■ キャブレター

エンジンの混合気を吸気ポートへ送る役割をしているのが、気化器と呼ばれる**キャブレター**です。

キャブレターは、燃料を霧吹きの要領で微粒子化して気筒に送りだします。この原理は、次のとおりです。一部が細くなった管（**ベンチュリ管**）内を空気が流れるときその速度が速くなり、気圧が低下します。この管に燃料ホースを接続しておくと、ベンチュリ管内の負圧によって燃料が吸い上げられ、霧状に噴射されるのです。

なお、近年は排ガス規制や低燃費で高出力を実現するエンジンが求められるため、キャブレターは使われなくなっています。

インジェクター

インジェクターは、各気筒の吸気ポート付近に設置される燃料噴射装置で、先端の小さなノズルから霧状の燃料が噴射され、マニホールド内で空気と混合されます。

燃料ポンプ内の燃料の圧力は一定に保たれるため、インジェクターによる燃料の噴射量は、噴射時間によって決まります。ノズルの開け閉めは、電磁弁によって制御できるため、電子制御が容易です。

■キャブレター■

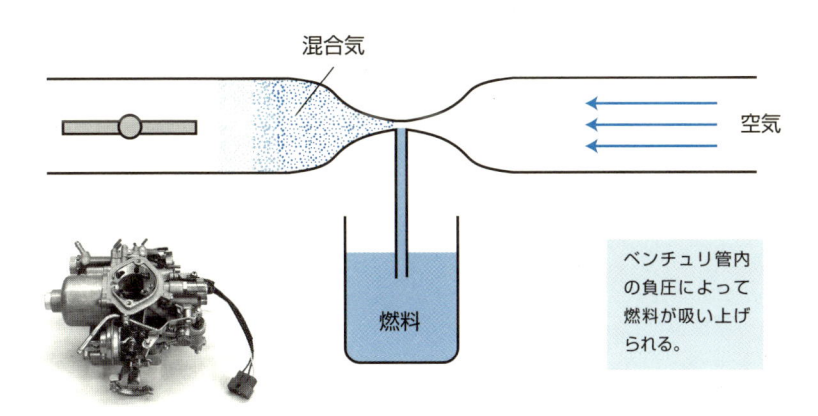

ベンチュリ管内の負圧によって燃料が吸い上げられる。

■インジェクター■

▼インジェクター

霧状の燃料が噴射される。電子制御が容易にできる。

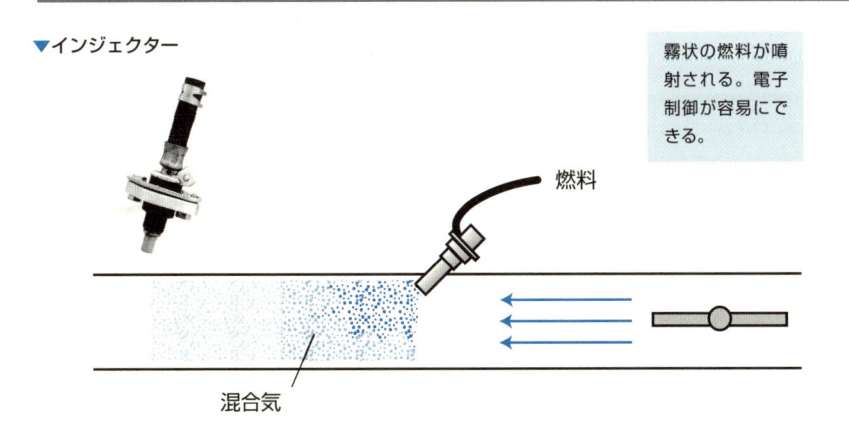

4-11 電子制御燃料噴射装置

エンジンの性能の向上に加え、近年は排気ガスの浄化や燃費の向上が課題となっています。そのため、現在ではインジェクターによる電子制御の燃料噴射装置が主流になっています。これは、各種センサーからの情報をもとにして、コンピュータが燃料システムを制御するものです。

■ センサーからの情報

燃料噴射装置の制御用コンピュータには、噴射量を決めるために必要な様々な情報が送られてきます。これらの情報は、各種のセンサーによるものです。

センサーからの情報を使って最適な**空燃比**＊（くうねんひ）になるようにコンピュータが計算してインジェクターに信号が送られます。

■ インジェクションの制御

インジェクションに燃料噴射の情報を送るためには、いくつかのセンサーから寄せられるいくつもの情報を解析しなければなりません。

エアフローメーターによって、エアクリーナーを通過した空気の流量や温度が測定されます。これらの情報は、混合気の空燃比を計算するのに重要な要素です。

エンジン始動直後で、まだ暖まっていない状態では、混合気中の燃料濃度を濃くする必要があります。そのため、サーミスタを内蔵した**水温センサー**で冷却水温度を測定しています。

スロットに取り付けられたセンサーからは、エンジンの回転数状態がわかります。この情報によって、コンピュータは燃料の増量やカットを行います。

排気管に取り付けられた**O_2センサー**から送られる排気ガス中の酸素濃度の情報は、エンジン内の燃焼結果の情報であり、これをもとにして理想的な空燃比に近付けています。

＊**空燃比**　空気と燃料との比。ガソリンと空気を燃焼させる理想的な空燃比は、重量比で14.8：1。走行状態や外気温などによって変化する。A/F（「エイバイエフ」）として表示されることもある。

4-11 電子制御燃料噴射装置

■実用的な空燃比■

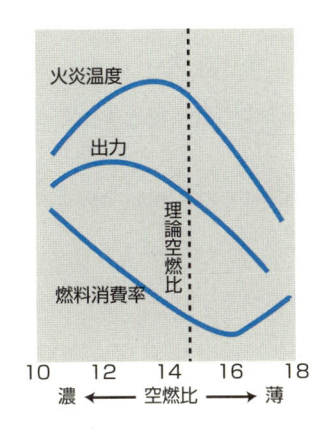

始動時	エンジンが暖まっていない。濃い混合気が必要。空燃比5：1
低速時	シリンダ内に排気ガスが残りやすい。少し濃い混合気。空燃比12：1
全開時	パワーが最大となる。空燃比13：1
経済走行	燃料消費が少なく、かつ効率のよい走行が保たれる。空燃比15：1〜17：1

グラフ縦軸：火炎温度、出力、燃料消費率
横軸：空燃比 10 12 14 16 18　濃←空燃比→薄
理論空燃比

■電子制御燃料噴射装置■

- O₂センサー
- インジェクション
- スロットルバルブ
- エアクリーナー

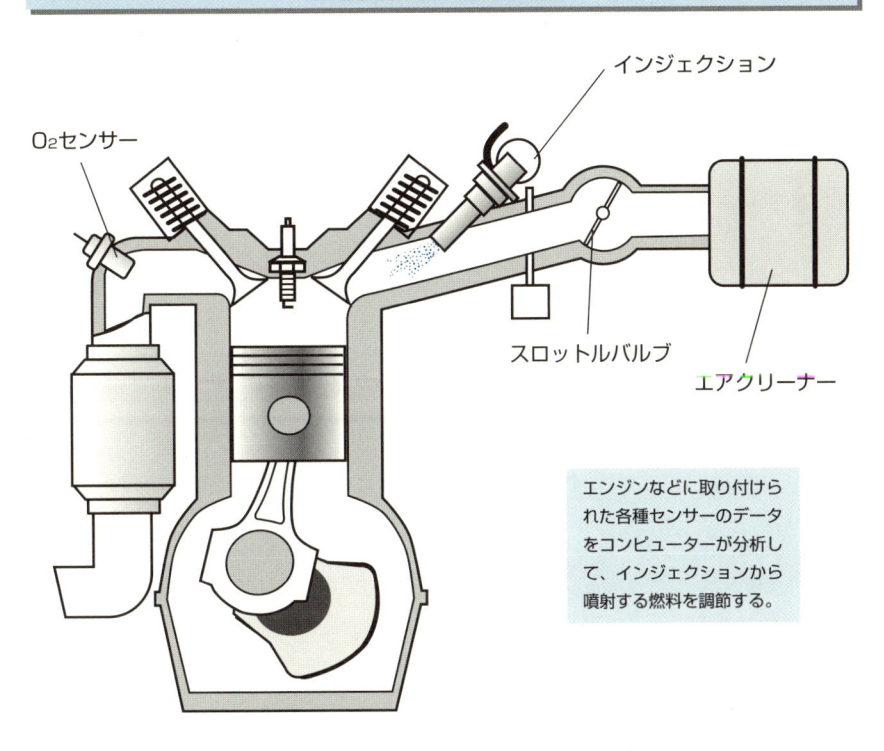

エンジンなどに取り付けられた各種センサーのデータをコンピューターが分析して、インジェクションから噴射する燃料を調節する。

4　エンジンの補助装置

4-12 排気システム

エンジンからの排気ガスを車外に排出するのが排気システムです。排気ガスは、そのまま排出すると、排気騒音がうるさく、またガス中には、NOxなど有害な物質も含まれるため、排気システムはこれらを取り除く働きをしています。

■ スムーズに排気する

　排気ガスがいつまでも燃焼室に残っていては、次の吸気工程に影響を与えてしまいます。排気ガスはできるだけスムーズに車外に排出しなければなりません。

　エンジンからの排気ガスは、排気用のマニホールド＊に送り出されます。マニホールドは、各気筒からの排気ガスをまとめて1本にしています。このとき、複数の排気を1つにすることで、排気ガスの気流による干渉が起こり、排気ガスのスムーズな流れを妨げる原因になります。これを是正し、慣性排気を利用するために、2気筒ずつにしてから1つにしたり、1つにするまでの距離を長くしたりしています。

■ マフラー

　大きなエネルギーを持って排出される排気ガスの温度を下げ、騒音を低下させるのがマフラーです。

　マフラーでは、共鳴原理を使ったり、排気ガスを膨張させたりしています。排気音はマフラー内の壁に反射するうちに互いに干渉し合って静かになります。

　しかし、マフラーの構造をあまり複雑にすると、排気効率が落ちることにもなりかねません。スポーツカーの場合には、適度なエキゾーストノートが出るようにマフラーを調節しています。

＊**排気用のマニホールド**　エキゾーストマニホールドという。

4-12 排気システム

■排気システム■

- マフラー
- 触媒コンバーター
- フレキシブルパイプ
- サブマフラー

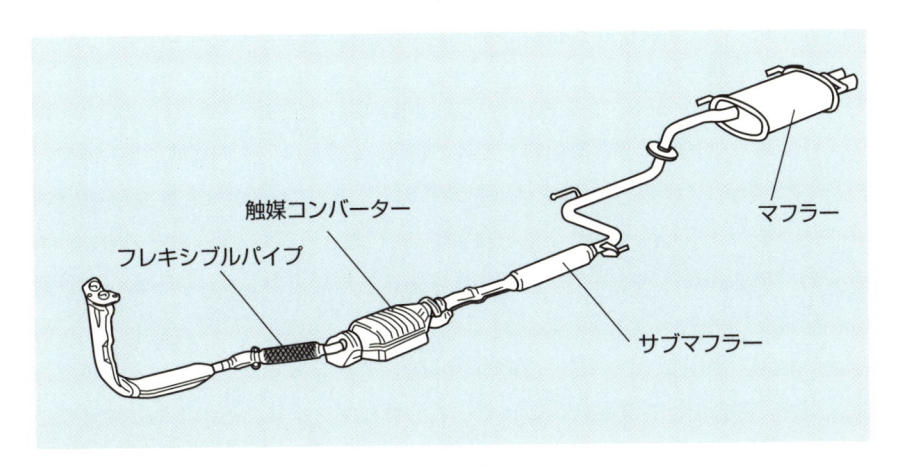

▼触媒コンバーター

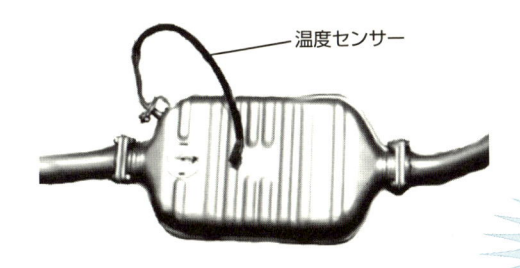

- 温度センサー

排気ガス中の有害物質を触媒の作用によって無害に変える装置。触媒には、白金やロジウムなどが使われる。

▼マフラー

マフラーは排気ガスの温度と圧力を下げ、また騒音を低下させる。内部は騒音が干渉して小さくなるようにいくつかの部屋に仕切られている。

4 エンジンの補助装置

触媒コンバーター

排気管の途中には、排気ガス中の有害物質を除去するための**触媒コンバーター**が設置されています。

触媒コンバーターが除去するのは、**HC**（ハイドロカーボン）、**CO**（一酸化炭素）、**NOx**（窒素酸化物）です。NOxを還元し、その酸素（O）を使って、HCとCOを完全燃焼させるものです。これらの人体や環境に悪影響を与える物質を取り除くためには、白金やロジウム、パラジウムなどの触媒が使われます。これらすべての有害物質に対応した触媒コンバーターを、**三元触媒コンバーター**といいます。

なお、触媒コンバーターが設計通りの性能を発揮するためには、燃焼する混合気の空燃比が理論値になっている必要があります。そのため、排気管にはO_2センサーが取り付けられています。

■**メタル担体触媒コンバーター**■

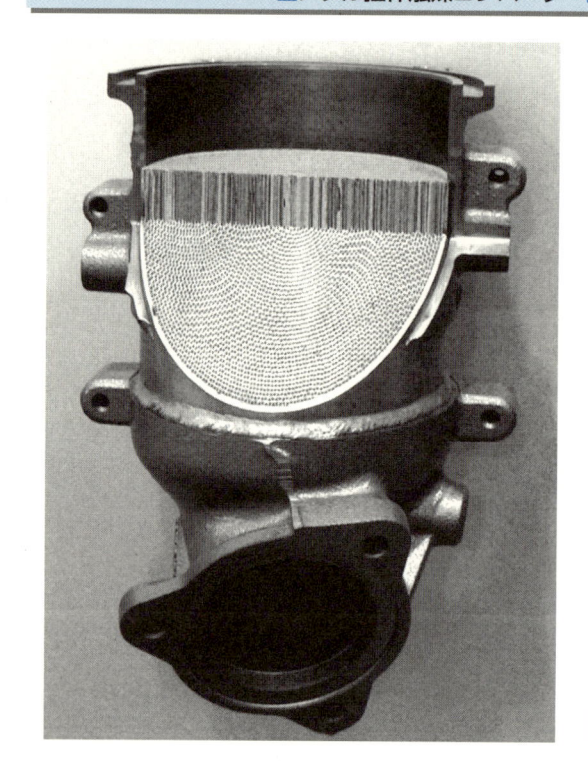

波形と平形の金属を重ねた表面に触媒が付けられている。

第5章

駆動と変速

　自動車はタイヤと路面との摩擦力によって移動することが可能になります。エンジンによって生み出された回転力は、どのようにしてタイヤまで伝えられるのかを説明します。この間、クラッチやトランスミッションなどの複雑な機構によって駆動力は制御されます。

5-1 駆動方式とレイアウト

　エンジンの出力したパワーは、車輪まで伝達されてタイヤが回転し、路面との摩擦力によって自動車は動きます。エンジンの駆動力をロスなく車輪に伝え、それをコントロールする働きをするのが動力伝達装置です。動力伝達装置には、変速機や左右の車輪の回転数を調節する装置などがあります。

駆動方式

　通常の自動車は4輪で、そのうちエンジンの動力によって駆動しているのは前の2輪か、後の2輪です。このような駆動方式を**2輪駆動（2WD）**と呼びます。4輪すべてが駆動する方式を**4輪駆動**といいます。**4WD**とは、4 Wheels Driveのことで、この方式を指します。

エンジンレイアウト

　駆動方式と一緒に取り扱われ、自動車の性能や性格にも大きく影響するのがエンジンのレイアウトです。2輪駆動方式の乗用車では、前輪を駆動させるか（**前輪駆動**）、後輪を駆動させるか（**後輪駆動**）に大別できます。エンジンの配置では、車体の前部に配置するか、後部に配置するかの2種類です。駆動輪とエンジン配置との組み合わせによって、自動車の駆動系は4種類に表現されます。実際には、**リヤエンジンフロントドライブ（RF）**には、ほとんどメリットがありません。また、最近では、**リヤエンジンリヤドライブ（RR）**は、一部のスポーツカーをのぞいてほとんどありません。

　フロントエンジンリヤドライブ（FR）は、前部のエンジンからの駆動を後輪にまで伝えるための回転シャフトが必要で、車内の中央に盛り上がりができます。

　フロントエンジンフロントドライブ（FF）は、エンジンと駆動やステアリングの装置が集中する前部の構造が複雑になるデメリットはありますが、FR車に比べて車内が広くなるので、現在では乗用車の主流になっています。その他に、ミッドシップ（MR）方式として、エンジンを車体中央に積み、後輪を駆動する方式があります。

5-1 駆動方式とレイアウト

■駆動方式とエンジンレイアウト■

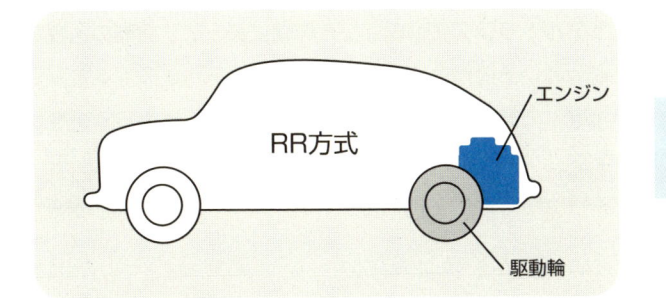

RR方式
エンジン
駆動輪

現存の自動車ではほとんど採用されなくなった。

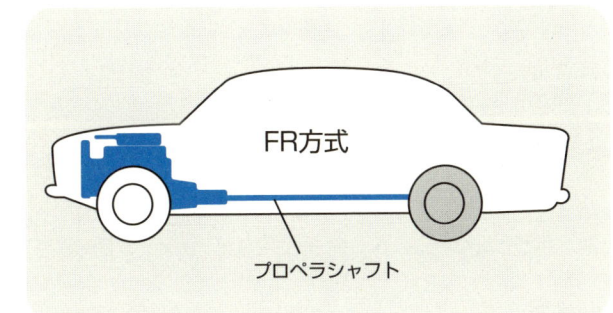

FR方式
プロペラシャフト

運転席近くにトランスミッションがあるため、操作システムを簡単にできる。プロペラシャフトにより室内中央がせまくなる。

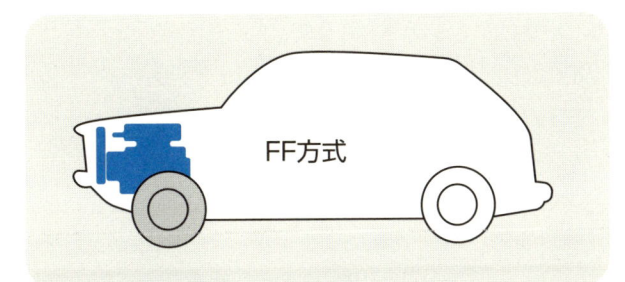

FF方式

室内を広くすることができる。前部の機構が複雑になる。

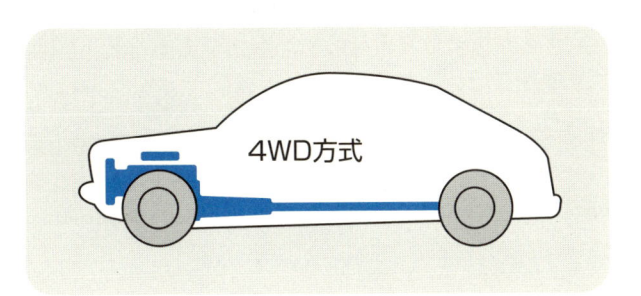

4WD方式

走行安定性が高い。特に、悪路や砂地でも走行可能。

5-2 クラッチ

エンジンとマニュアルトランスミッションとの間にあって、回転の伝達を断続するはたらきをしているのがクラッチです。マニュアルトランスミッション車（マニュアル車）では、クラッチペダルの操作によってクラッチをつなぐ／切るを行います。

クラッチの役割

エンジンが動き出したとき、もしもクラッチがないと、その回転が直接タイヤに伝えられてしまいます。これでは、自動車が止まるたびにエンジンを止めなければなりません。

クラッチは、エンジンとマニュアルトランスミッションの間で動力を伝えたり（クラッチをつないだり）、断ったり（クラッチを切ったり）します。

クラッチには、エンジンの回転を少しずつタイヤへ伝えるはたらきもあります。運転操作では、**半クラッチ**によって発進をスムーズに行っています。

摩擦クラッチの仕組み

クラッチは、2枚の円盤（クラッチ盤）間の摩擦力を使って回転を伝えています。エンジン側の円盤は、クランクシャフトの端にあるフライホイールが使われることが多くあります。これと接することで駆動を伝えるもう1枚の円盤が、**クラッチディスク**です。このディスクは、**クラッチカバー**に備えられているスプリングによってフライホイールに押し付けられ、回転力をマニュアルトランスミッションに伝えます。

クラッチペダルを踏んでいる間は、クラッチは切れています。ゆっくりとクラッチをつなげる操作を行うことにより、マニュアルトランスミッション側のディスクがゆっくりと回転し、しだいに回転数が同期します。

▲クラッチディスク

5-2 クラッチ

■クラッチの仕組み■

クラッチがつながり、エンジンの駆動がトランスミッションに伝わる。

▼フライホイール

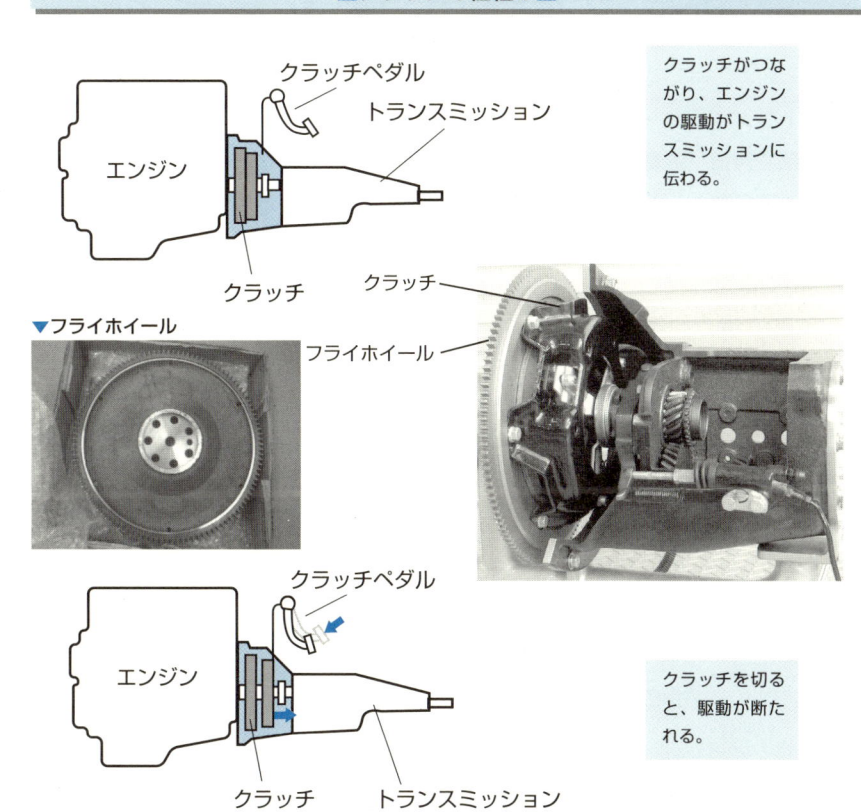

クラッチを切ると、駆動が断たれる。

■クラッチの動き■

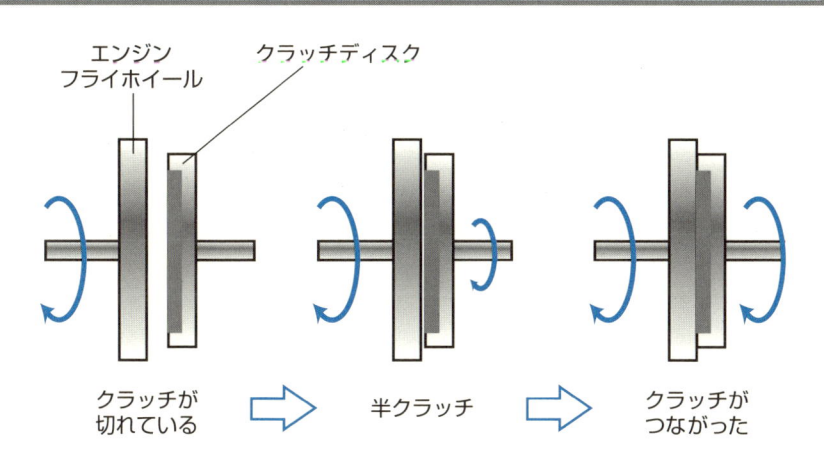

クラッチが切れている ⇨ 半クラッチ ⇨ クラッチがつながった

5 駆動と変速

5-3 マニュアルトランスミッション

トランスミッションは、エンジンで発生した回転を車輪に伝達する過程で速度や負荷（坂道等）に応じて適正なギヤの噛み合わせを行い、同じエンジンの回転でも、トルクを上げたり、速度を上げたりするための装置です。速く走ったり、ゆっくり走ったり、バックするときに利用します。

エンジン回転数の変速

トランスミッションには、エンジンの回転を伝える**インプットシャフト**から、減速比の異なるギヤが並んだ**カウンターシャフト**に駆動が伝えられ、そこからギヤの組み合わせによって回転数を変化させて**アウトプットシャフト**（**メインシャフト**）を回転させます。この変速操作を手動で行うのが、**マニュアルトランスミッション**です。

マニュアルトランスミッションは、カタログ等では**MT**と表すことがあり、5速前進1速後退のマニュアルトランスミッションは、5MTと表記＊します。

マニュアルトランスミッションの方式

マニュアルトランスミッションでは、ギヤの切り替え方式により、大きく分けて3種類の方式があります。

選択摺動式は、ギヤそのものを移動させるため、ギヤが噛み合いにくく、ギヤをいためる可能性があります。

常時噛合式では、メインギヤによってカウンターシャフトと、このギヤと噛み合っているギヤも空転しています。**ドッグクラッチ**によって空転しているギヤをアウトプットシャフトに接続することで、メインシャフトを回転させます。

シンクロメッシュ（**同期噛合式**）は、常時噛合式を改良したもので、ギヤを接続するときに回転数を同期させ、滑らかに接続させるものです。

＊**表記** フロアーからシフトレバーが出ている車種では、5Fと表記されることがある。

5-3 マニュアルトランスミッション

■動力伝達機構■

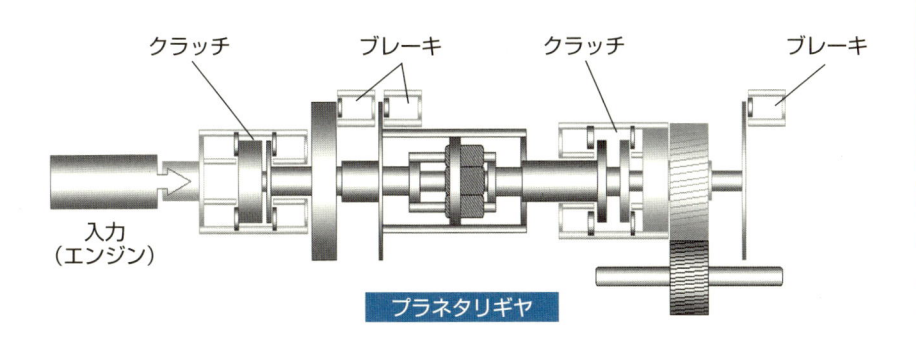

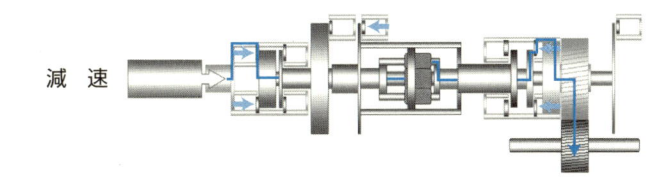

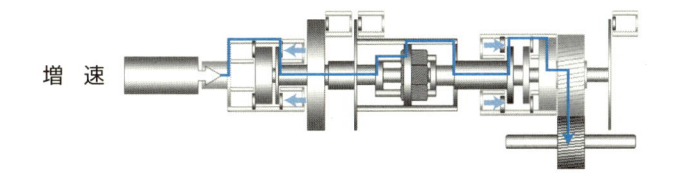

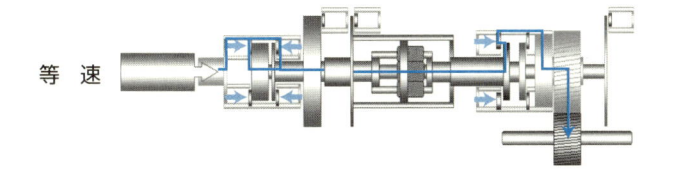

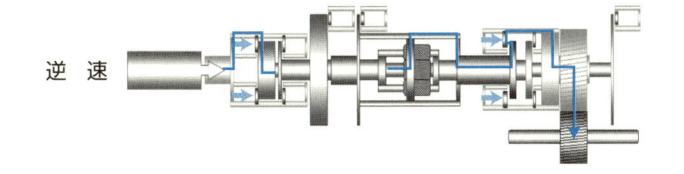

クラッチ　　ブレーキ　　クラッチ　　ブレーキ

入力
（エンジン）

プラネタリギヤ

減 速

増 速

等 速

逆 速

5 駆動と変速

115

5-4 オートマチックトランスミッション

オートマチックトランスミッション（AT）では、クラッチ操作が不要で、自動的に適正なギヤにより走行することができます。オートマチックトランスミッションの特徴は、トルクコンバーターとプラネタリギヤです。トルクコンバーターは、自動クラッチとトルクの増加機能を持っています。

トルクコンバーター

ATでクラッチの代わりをしているのが、**トルクコンバーター**です。この構造は、**ATF（オートマチックトランスミッションフルード）**と呼ばれる液体を満たしたドーナツ形のケースに、一組の向かい合う水車を設置しています。片方の水車がエンジンの駆動によって回転すると、徐々にATFによって回転がもう一方の水車に伝えられて回転します。このようにしてクラッチを使わなくても、回転力をスムーズに伝えることが可能になります。実際には、間にもう1枚の水車を入れて、トルクを増加させています。

ATFにより動力を伝達するため、オイルの滑りによるロスが起きます。走行条件によっては、エンジンと直結させてロスを軽減するために、**ロックアップクラッチ**が取り付けられている車種もあります。

プラネタリギヤ

トルクコンバーターだけでは、トルク比はマニュアルトランスミッションには及びません。そこで、補助変速機として**プラネタリギヤ**が使われます。

プラネタリギヤの構造は、中央の**サンギヤ**を中心に、小歯車が自転、公転しながら配置されています。

これらのギヤのうち、いずれかのギヤをコンピュータによる油圧操作によって固定すると、ギヤ比が切り替わります。

5-4 オートマチックトランスミッション

■トルクコンバーター■

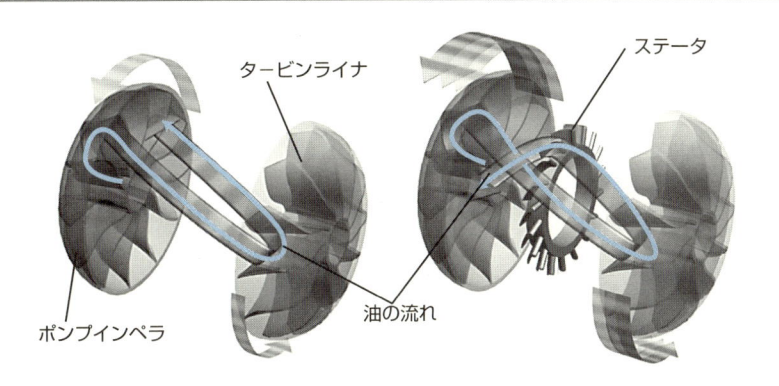

タービンライナ
ステータ
ポンプインペラ
油の流れ

ポンプインペラが回転すると、中央付近の油は外側に移動し、外壁にはね返されてタービンライナに向かう。その油をタービンライナが受ける。タービンライナを回転させた後の油は、再びポンプインペラに向かう。このときポンプインペラの回転を妨げる力になる。

ステータは、タービンライナからの油の流れを整流し、ポンプインペラに戻している。

5 駆動と変速

■プラネタリギヤ■

リングギヤ
サンギヤ
ピニオンギヤ

サンギヤ
リングギヤ
ピニオンギヤ
プラネタリキャリア

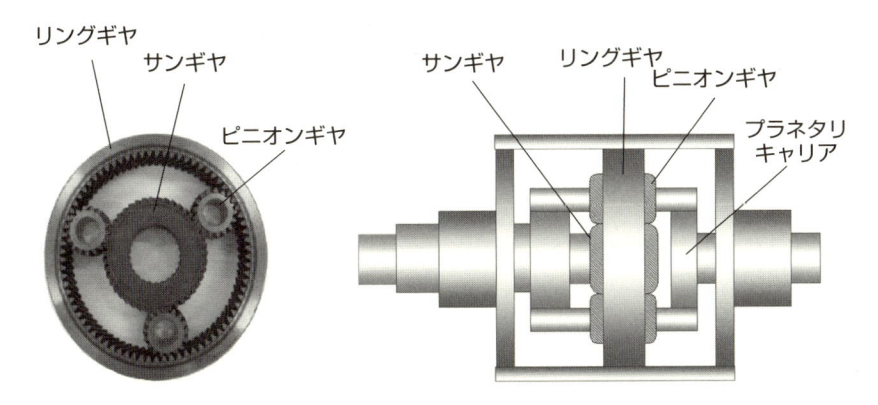

プラネタリギヤは、リングギヤとサンギヤ、ピニオンギヤとこれらを連結しているプラネタリキャリアに連結している。これらのギヤを回転させるか、固定させるかして増減速や後退を行う。

117

5-5 CVT

CVTとはコンティヌアスリーバリアブルトランスミッションの略で、無段連続伝達装置と訳される部品です。MTやATはギヤによって変速を行うのに対して、CVTではギヤがありません。CVTには、マニュアルトランスミッションなどによる変速時の衝撃がありません。

■ 無断連続トランスミッション

オートマチックトランスミッションでも固有のギヤを使用している限りでは、連続した変速は不可能です。そこで、任意の変速比を選択することができるトランスミッションが考案されました。

CVT[*]の原理は、2個の円錐形の尖った方向を向き合わせてつないだような形をした**プーリー**間にベルトをかけます。各プーリーの円盤の幅は可変で、これが狭くなると、ベルトは円錐の表面に沿って移動し、円盤の外径方向へ移動します。その結果、ベルトを回転させる円盤の径は連続して変化します。エンジンに近い方のプーリーを**入力プーリー**と呼びます。

もう一方のプーリー（**出力プーリー**）では、ベルトがたるまないように、円盤の間隔がプライマリープーリーの円盤の間隔に反するように変化します。このベルト方式による回転数の変換機構によって、無段階の変則が可能になりました。

■ CVTのコントロール

通常、プーリーの幅のコントロールは、電子制御による油圧機構によって行われます。また、CVTの場合、トルクコンバーターのように始動時から使用できないのでクラッチが使用されますが、このクラッチには、一般に電磁石による**電磁クラッチ**が使用されます。なお、電磁クラッチは、コンピュータによる制御が可能なため、きめ細かなクラッチ操作も可能になり、マニュアルトランスミッションと組み合わせても使用されることがあります。

＊**CVT**　Continuously Variable Transmissionの略。

5-5 CVT

■CVTの仕組み■

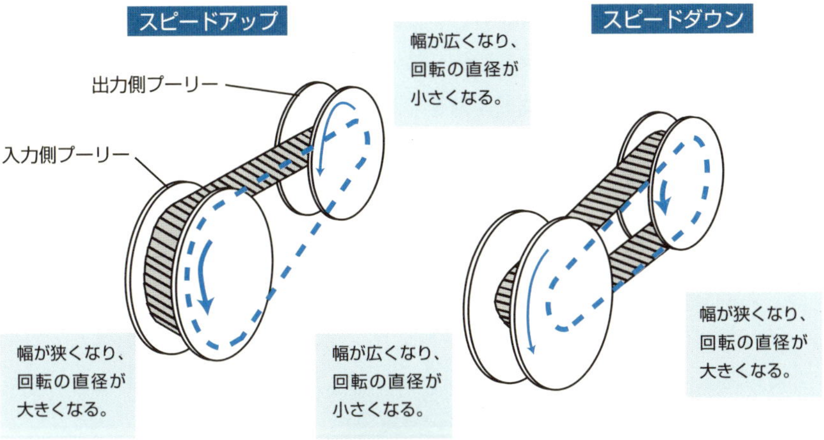

スピードアップ

出力側プーリー
入力側プーリー
幅が広くなり、回転の直径が小さくなる。
幅が狭くなり、回転の直径が大きくなる。
幅が広くなり、回転の直径が小さくなる。

スピードダウン

幅が狭くなり、回転の直径が大きくなる。

▼CVT

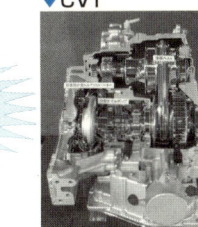

入力側プーリーの回転の直径の方が大きいので、増速できる。ただし、トルクは小さい。

出力側プーリーの回転の直径の方が大きいので、減速できる。大きなトルクが得られる。

📖 COLUMN トヨタの工場を見学して

　トヨタ自動車の衣浦（きぬうら）工場に行き工場見学をしてきました。衣浦工場では、オートマチックトランスミッションの製造が行われています。

　この見学で一番驚いたのは、部品の内製率の高さです。自社で部品を製造できれば、外注する場合と比べて不必要な数量を製造することもありませんし、製造コストも安くできる可能性があります。また、機械加工工場とは思えない清潔さと不良品や仕掛品の少なさにも驚かされました。オートマチックトランスミッションは精密部品ですから、ゴミや金属の切粉、埃、繊維、髪の毛などの残渣（ざんさ）と呼ばれるものは徹底的に排除されていました。

　さらに、この工場ではロボットと人間が共働し、ときには競争しているかのような光景も目にしました。日々の絶え間ない努力と社員教育が徹底しているからこそ、世界一の製品ができるのだなと実感しました。

5-6 ディファレンシャルギヤ

仮に駆動輪を1本のシャフトとすると、カーブの内側のタイヤがスリップしてしまいます。ディファレンシャルギヤの役割は、カーブなどでコーナリングする際に左右の駆動輪に差動を与えて曲がりやすくすることです。ディファレンシャルギヤは、**左右のタイヤの回転数に自動的に差を与えています。**

ディファレンシャルギヤの原理

ディファレンシャルギヤ（差動歯車）は、通称**デフ**と呼ばれている部品です。直進している間は問題ありませんが、カーブにさしかかると左右のタイヤが通るコースに差が生じます。このままでは、内側のタイヤがスリップしてしまい、スムーズに曲がることができません。

ディファレンシャルギヤの原理は次のようになっています。右図でピニオンの左右に同じ荷重がかかっている場合、ラックは同じように持ち上がります。しかし、左右の荷重に差を付けるとピニオンが回転し、荷重の小さなラックだけが持ち上がるようになります。

ディファレンシャルギヤの仕組み

ディファレンシャルギヤは、右図のように4個の傘歯歯車（かさばはぐるま）を組み合わせていて、直進状態では左右のタイヤが同じように回転しますが、コーナーリング中は、内側のタイヤの抵抗が増し、左右のタイヤに回転差が生じて**デフピニオンギヤ**が自転を始め、回転差を吸収してコーナーリングをスムーズに行うことができるようになります。

通常のディファレンシャルギヤでは、タイヤが接地していなかったりすると、抵抗のあるもう一方のタイヤは駆動力がかからなくなります。この差動を自動的に制限する装置に、**リミテッドスリップディファレンシャル**＊というタイプがあり、モータースポーツ用の車両や悪路を走る車両に利用されています。

＊リミテッドスリップディファレンシャル　英語の頭文字からLSDと略される。

5-6 ディファレンシャルギヤ

■ディファレンシャルギヤの原理■

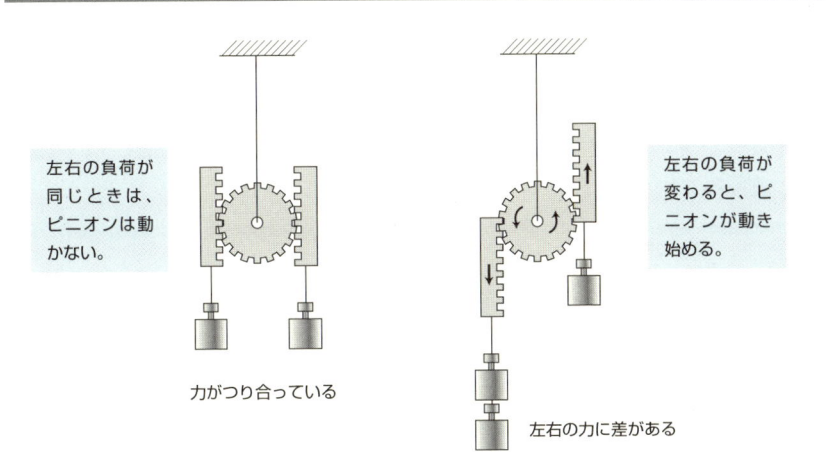

左右の負荷が同じときは、ピニオンは動かない。

力がつり合っている

左右の負荷が変わると、ピニオンが動き始める。

左右の力に差がある

■ディファレンシャルギヤの仕組み■

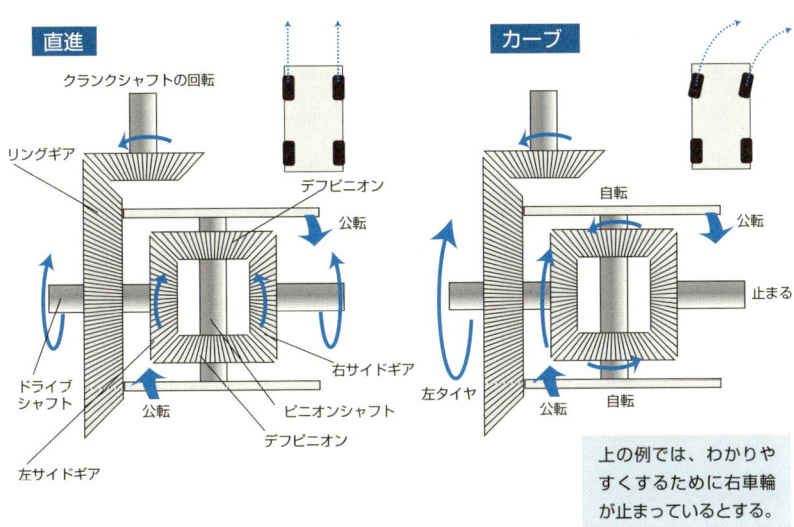

直進

- クランクシャフトの回転
- リングギア
- デフピニオン
- 公転
- 右サイドギア
- ピニオンシャフト
- デフピニオン
- ドライブシャフト
- 公転
- 左サイドギア

カーブ

- 自転
- 公転
- 止まる
- 左タイヤ
- 公転
- 自転

上の例では、わかりやすくするために右車輪が止まっているとする。

◀ ディファレンシャルギヤ

カーブするときには、内輪側に負荷が余分にかかるため、デフピニオンが自転し始め、左右の車輪の回転数に差ができる。

5 駆動と変速

5-7 プロペラシャフト

エンジンFR車の場合、エンジンの動力は後輪にまで伝えられます。このはたらきをしているのが、プロペラシャフト（推進軸）です。プロペラシャフトは、トランスミッションとディファレンシャルギヤの間に位置している長い回転軸です。

■ プロペラシャフト

　FR車では車体の前部にエンジンが置かれているため、後部のタイヤを動かす動力を伝えるのにプロペラシャフトが必要になります。RR車には短いものがありますが、FF車にはありません。

　このシャフトは、1本の棒状に作るわけにはいきません。エンジンやクランクシャフトは車体フレームに接続されていますが、タイヤはサスペンションに接続されていて路面の状態に合わせて上下に揺れます。したがって、曲がっても回転する機構が必要です。通常は、トランスミッションとの接続部とディファレンシャルギヤとの接続部に**ユニバーサルジョイント**の機構を取り入れています。

■ ユニバーサルジョイントの構造

　ユニバーサルジョイントは、回転軸が曲がっても回転力を伝えるための機構ですが、自動車では一般に**フックジョイント**が使用されています。

　フックジョイントは、2股の構造をしている1組の**ヨーク**で**スパイダー**（十字軸）を互いに直角になるようにはめ込み、これに軸を取り付けたものです。十字軸とヨークはベアリングによって可動できるため、フックジョイントの部分で折れ曲がっても回転が伝わります。

　ただし、この構造では、折れ曲がって伝えられると角速度が変化してしまい、1回転中で速くなったり遅くなったりします。これを解消するために、2箇所のフックジョイントが、それぞれ逆の角度で曲がるように取り付けられます。

5-7　プロペラシャフト

■プロペラシャフトとユニバーサルジョイントの構造■

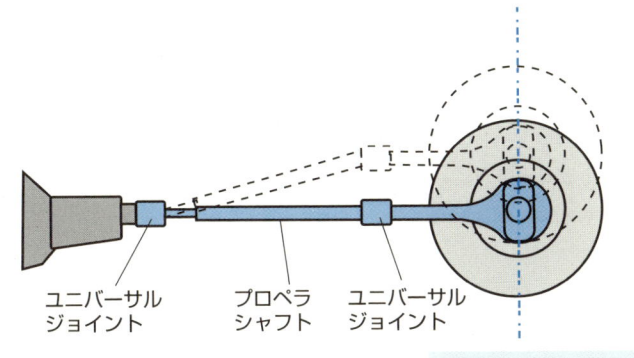

ユニバーサルジョイント　プロペラシャフト　ユニバーサルジョイント

ユニバーサルジョイント部分でシャフトが折れ曲がる。

ユニバーサルジョイント

プロペラシャフト

ヨーク

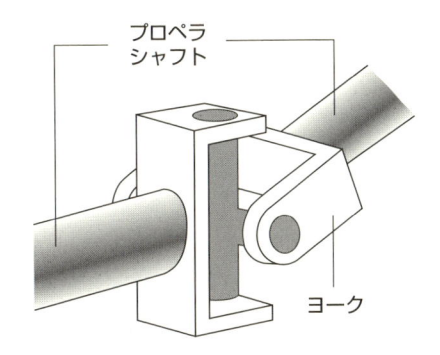

2股の接続部（ヨーク）を十字型のピンでつないだもの。

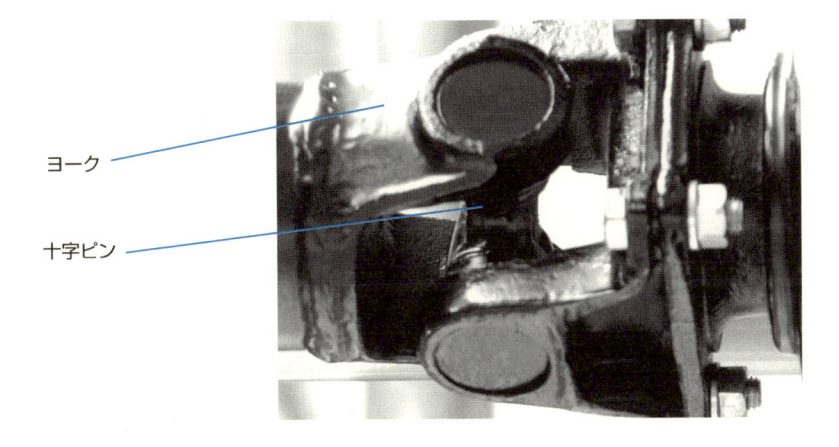

ヨーク

十字ピン

5　駆動と変速

5-8 4WD

　走破性や登坂力の高さから人気のある4WDですが、一般の平坦な道路を走るときには、そのエネルギーを無駄に使用していることになります。そのため、通常は2輪駆動で、必要な場合だけ4輪駆動にするパートタイム4WD方式（セレクティブ4WD方式）の自動車があります。

4WDの強み

　FR方式では、悪路走行で前輪を切った状態は、後輪が直進方向を向いているため、前輪が抵抗となります。FF方式では前輪の方向へタイヤが駆動するため抵抗にはなりません。しかし、FF方式では凍った路面など摩擦力が少なくなると、前輪が空転することもあります。4WDは、駆動力を前後輪に配分するため、どのような悪路でも走破性において有利です。
　また坂路においても、4輪に駆動力が分散されるためタイヤが空転しにくくなります。

センターデフ

　コーナリング時に左右のタイヤで回転数が異なっていたように、前輪と後輪でも回転数に差が生じます。左右のタイヤの回転差を調整するためにディファレンシャルギヤがあったように、前輪と後輪の間でも回転差を調整するギヤを入れます。これが**センターディファレンシャル（センターデフ）**です。

電子制御の4WDシステム

　オフロードタイプの自動車だけではなく、安定した走りが可能なため、高級乗用車にも4WDは採用されています。
　4輪に取り付けられたセンサーによって、それぞれの回転数データと、エンジンの回転数などのデータを合わせて、コンピュータが理想的な回転数を決めて駆動力を配分します。

■パートタイム4WD■

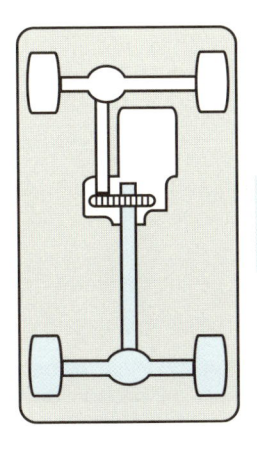

2WD走行　　　　　　　　4WD走行

パートタイム4WDにはセンターデフがない。

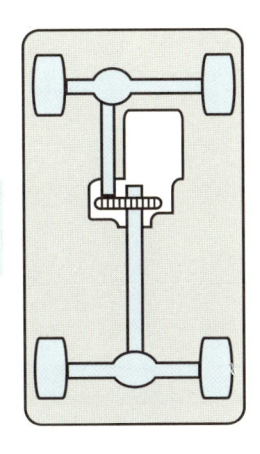

■センターデフ■

センターデフ

フルタイム4WDは、センターデフで前後輪の回転数の違いを調整している。

👉 COLUMN 減速比

　エンジンの回転力をそのままタイヤに伝えていたのでは、トルクが足らずに自動車は動き出すことができません。トランスミッションによってギヤを大きくすることで、大きなトルクが与えられます。トランスミッションでは、エンジンの回転数とシャフトの回転数比で、例えば3：1というように減速されます。しかし、これでもまだ十分ではありません。

　デフも歯数の異なるギヤが噛み合っています。つまり、デフでも減速が行われています。これを最終減速装置といい、減速比は一般に4：1程度です。この自動車では、トランスミッションと合わせて12：1程度の減速比になります。これを総減速比と呼んでいます。最終減速装置がデフにあることで、トランスミッションのサイズを小さく抑えることができています。

▼トランスミッションのギヤ

第6章

ステアリングとブレーキ

自動車はどのようにして曲がるのか、どのようにして止まるのか、といった自動車の機能を制御する仕組みを説明します。足回りについても解説しています。

6-1 曲がるための装置

　自動車が運転手の意のままに曲がるための装置を操舵装置（ステアリング装置）といいます。運転手は、ハンドル（ステアリングホイール）を操作することで、操舵装置を操作します。操舵装置は、操作機構やギヤ機構、リンク機構などによって構成されています。

自動車がスムーズに曲がるには

　自動車がある半径を持ったカーブを曲がる場合を考えてみましょう。操作機構によって、前輪の進行方向を変えます。このとき、カーブ内側の車輪は、外側の車輪に比べて回転半径が小さくなります。したがって、スムーズに曲がるには、内外の車輪の角度に差を付けてやることが必要になります。

アッカーマン式ステアリング

　左右のタイヤの向き（操舵角）に差を与える機構としてほとんどの自動車で採用されているのが、アッカーマンやジャントーが考案したもので、一般に**アッカーマン式ステアリング**＊と呼ばれているものです。

　アッカーマン式ステアリングでは、前輪は右図のように台形をしたリンク機構に接続されています。ハンドルを操作すると**タイロッド**が左右に動いて、**ナックルアーム**を動かし、それに接続されているタイヤの角度が変わります。例えば、ハンドルを右に切ると、タイロッドが左に動き、左車輪のナックルアームが押され車輪は右を向き、右車輪のナックルアームは引っ張られて右を向きます。このとき、リンク機構が台形になっているため、タイロッドは傾き右側のタイロッドとナックルアームの接点は内側に入り込みます。左車輪では逆にタイロッドとナックルアームの接点が外に押し出されます。こうして、左右の車輪で操舵角が異なるようになります。

　リンク機構をどの程度台形にするのかの基準は、直進時にナックルアームの延長線が後輪の軸上で交わるようにしています。

＊**アッカーマン式ステアリング**　2人は同時期に個別に考案していて、両方の名を入れてアッカーマン・ジャントー式ステアリングと呼ばれることもある。

6-1 曲がるための装置

■アッカーマン式ステアリング■

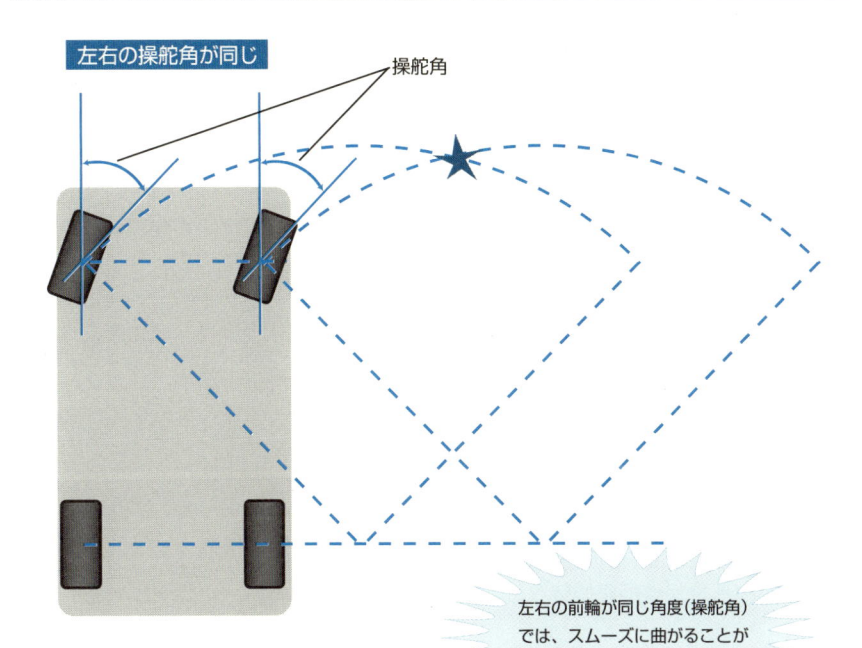

左右の操舵角が同じ

操舵角

左右の前輪が同じ角度（操舵角）では、スムーズに曲がることができない。

アッカーマンステアリング

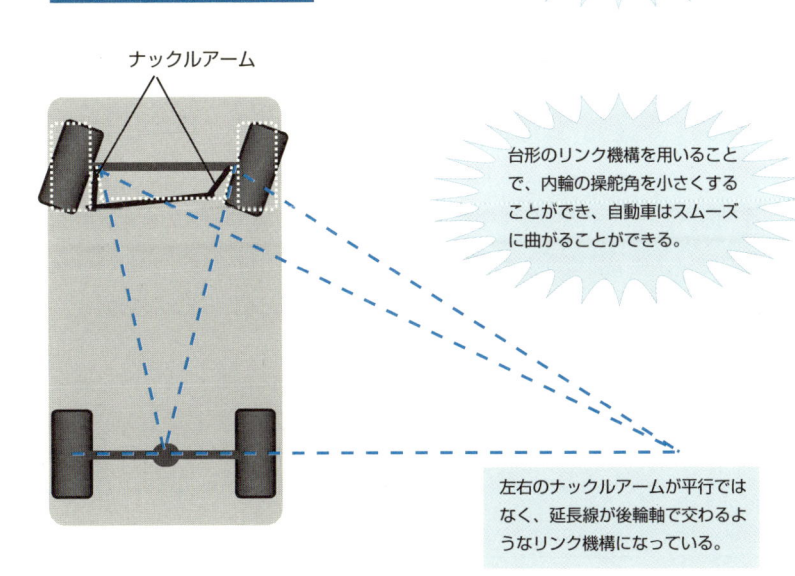

ナックルアーム

台形のリンク機構を用いることで、内輪の操舵角を小さくすることができ、自動車はスムーズに曲がることができる。

左右のナックルアームが平行ではなく、延長線が後輪軸で交わるようなリンク機構になっている。

6　ステアリングとブレーキ

6-2 ステアリング装置

前輪を曲げるためには、タイロッドを左右に移動させる機構が必要になります。ハンドルによる回転運動を直線運動に変換するためのこの機構として現在ではラックピニオン式がよく使われています。ハンドル操作を軽くする補助としてパワーステアリングを装着した自動車も増えています。

ラックピニオン式

　最も多く採用されている方式で、その名のとおり**ラック**と**ピニオン**を使ってタイロッドを動かします。タイロッドには、直線上の歯車（ラック）が取付けられ、それにハンドルの回転を伝えるステアリングシャフトの先端付近にある歯車（ピニオン）が噛み合っています。

　ラックは車体に固定されたラックハウジング内にあるため、実際の操舵機構では、タイロッドとラックが一体となって斜めになるのではなく*、タイロッド部分だけが首振りをして斜めになります。

パワーステアリング

　重い自動車ではハンドルを操作するのに大きな力が必要です。一般に大型のバスやトラックのハンドルが乗用車よりも直径が大きいのは、てこの原理を利用して重いハンドルを操作するためです。今ではパワーアシストによってハンドリングを軽くする仕組みが考案されています。**パワーステアリング**装置は、ハンドルを軽く切るための補助装置の総称です。

　通常のパワーステアリング装置では、エンジンの回転による油圧を、ギア機構やリンク機構に作用させています。リンク式では、パワーシリンダーに油圧を作用させ、内部のピストンを動かすことで、ピストンに接続しているタイロッドを動かしています。

　高速でハンドルが軽すぎると、転倒事故にもなりかねません。そこで、車速やエンジンの回転数によってハンドルの重さを調節する機能を持ったものもあります。最近では、電動パワーステアリングも登場してきています。

＊**斜めになるのではなく**　「2-1　曲がるための装置」参照。

■ステアリング装置の仕組み■

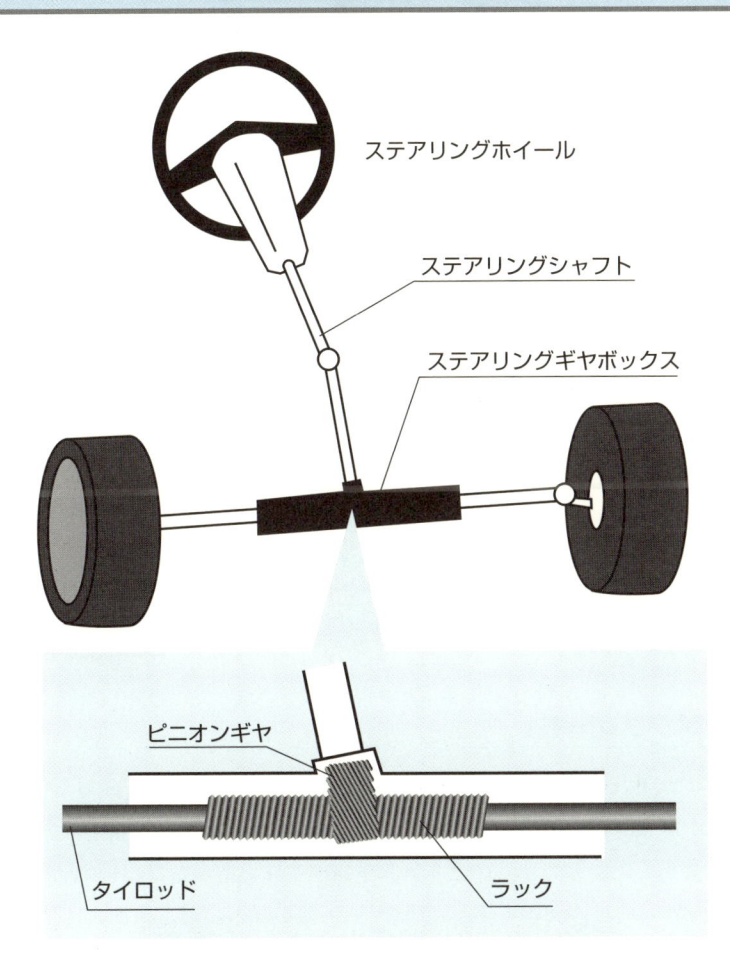

- ステアリングホイール
- ステアリングシャフト
- ステアリングギヤボックス
- ピニオンギヤ
- タイロッド
- ラック

- ピニオンギヤ
- ラック

6 ステアリングとブレーキ

6-3 ブレーキ

ブレーキは、自動車を制動するシステムで、非常に重要な装置です。どんなに速く走ることができても、コーナリングがスムーズにできても、止まることができなければ、それは自動車ではありません。エンジンブレーキもありますが、ここではフットブレーキについて説明します。

■ ドラムブレーキ

ドラムブレーキは、タイヤと一体となって回転している**ブレーキドラム**の内側に、**ブレーキシュー**を押し当て、ライニングの摩擦によって減速させるものです。ブレーキが利きはじめると、さらに押し付けが強くなるような構造になっているため制動力は増します。

かつては**ドラム式**と呼ばれる密閉型のブレーキを4輪に装着していましたが、最近の乗用車では、フロントには**ディスク式**が採用されています。高級車やスポーツカーでは、リアブレーキにもディスクブレーキが使用されています。

■ ディスクブレーキ

ブレーキは運動エネルギーを熱に変換し、放熱することによって作用します。ドラムブレーキは、摩擦熱によって高温になりやすく、そのため利きが悪くなることがあります。ディスクブレーキは、ドラムブレーキに比べて放熱効果が高く、連続して使用してもブレーキ効果が持続します。

ディスクブレーキの構造は、車輪と一体で回転する鋼鉄製の円盤（ディスク）をブレーキパッドで挟んで制動します。

■ 倍力装置

ブレーキの制動力を高めるために、真空倍力装置（ブレーキマスターバック）が付いている乗用車も多くあります。これは、キャブレター、インジェクションの負圧を利用して、装置内を真空にし、ブレーキの制動力を高めるものです。その他、ブレーキアシストとして電動等の倍力装置もあります。

6-3 ブレーキ

■ブレーキの仕組み■

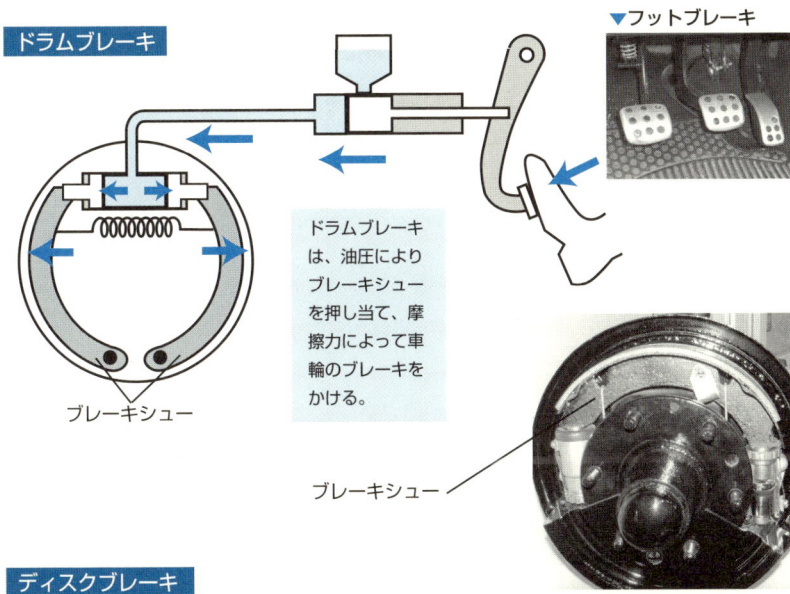

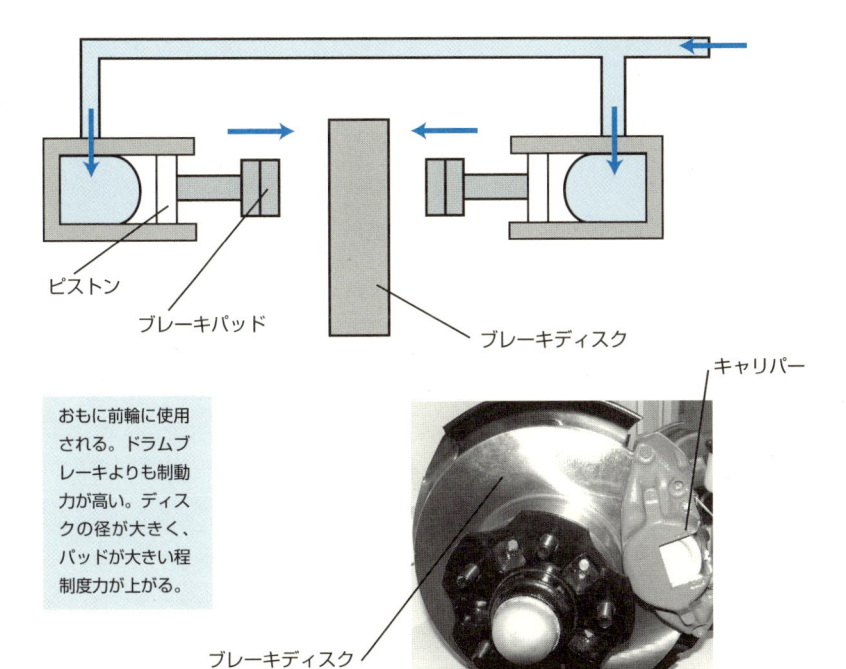

ドラムブレーキ

▼フットブレーキ

ドラムブレーキは、油圧によりブレーキシューを押し当て、摩擦力によって車輪のブレーキをかける。

ブレーキシュー

ブレーキシュー

ディスクブレーキ

ピストン
ブレーキパッド
ブレーキディスク
キャリパー

おもに前輪に使用される。ドラムブレーキよりも制動力が高い。ディスクの径が大きく、パッドが大きい程制度力が上がる。

ブレーキディスク

6 ステアリングとブレーキ

6-4 ABS

ブレーキはタイヤの回転を制動するための装置ですが、ブレーキを強く作動させて、タイヤがまったく動かない状態になると、タイヤが横滑り（スキッド）を起こしてコントロールができなくなることがあります。急ブレーキの際のブレーキの利きを自動的に調整する機能がABSです。

ABS

ABS*は、ブレーキを踏みすぎた際にも、タイヤがロックしないようにするシステムです。

滑りやすい路面でブレーキを目一杯強く踏むと、タイヤがロックし、制動力は急に落ちてしまいます。また、前輪がロックすると進行方向をコントロールしにくくなります。

自動車の制動には、ブレーキペダルを細かく踏んで行うポンピングブレーキが有効とされていますが、急ブレーキをかけるような非常時に、タイヤの横滑りを判断しながらブレーキングを制御することは普通の人にはできません。ABSは、ホイールに取り付けられたセンサーがロックを感知するとその情報をコンピュータが判断して、ブレーキの油圧を調整し、タイヤの最大の制動効果を上げるものです。

EBD（電子制御制動力配分システム）

急ブレーキを行うと、自動車の荷重が前方に移動するため、前輪と後輪とで過重に差が生じます。EBD*は、前後の車輪への荷重をセンサーが感知して、その情報をコンピュータが判断し、ABSを用いて前後の制動システムを調整する装置です。

積載時やカーブなどの旋回時も、EBDによって前後左右の制動力をコントロールして、車両の安定性を確保するようになっています。

＊**ABS** Anti-lock Brake Systemの略。
＊**EBD** Electronic Brake force Distributionの略。

6-4 ABS

■ABSの仕組み■

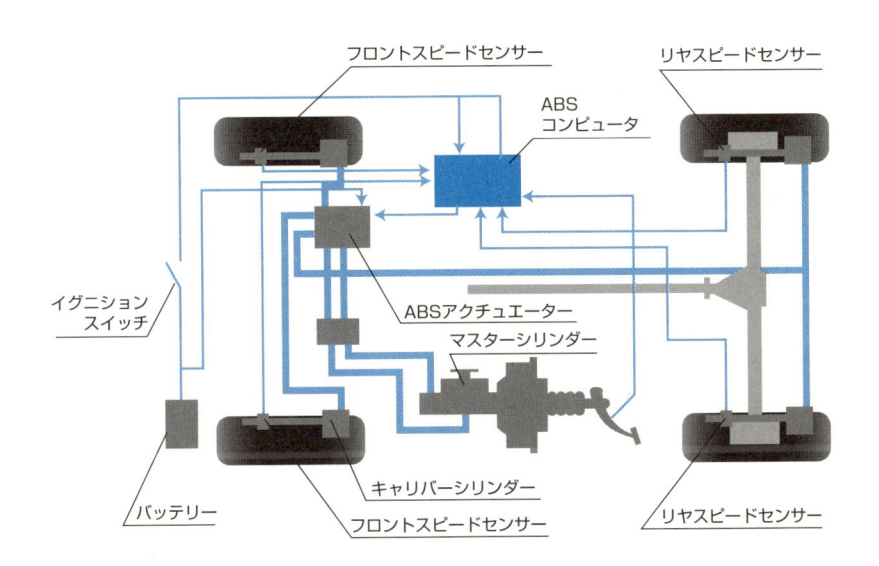

- フロントスピードセンサー
- リヤスピードセンサー
- ABSコンピュータ
- イグニションスイッチ
- ABSアクチュエーター
- マスターシリンダー
- バッテリー
- キャリパーシリンダー
- フロントスピードセンサー
- リヤスピードセンサー

■ABSアクチュエーター■

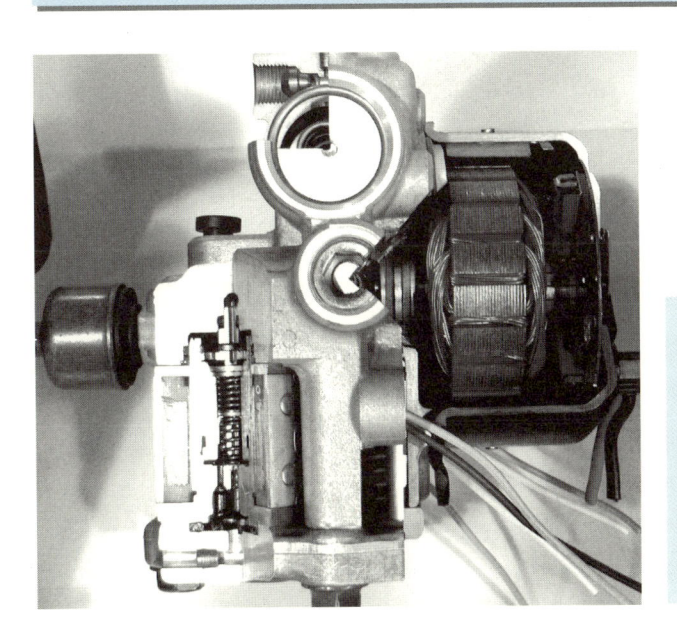

制動力を有効に得るためには、自動車の積載量や荷重移動に合わせて前後の制動力を適切に分配する必要がある。ABSアクチュエーター前後の車輪の回転速度の違いを検出してこの制御を行う。

6 ステアリングとブレーキ

6-5 サスペンション

　自動車には、路面の凹凸などによる衝撃を和らげて、快適に走行ができるようにサスペンション（懸架装置）が装着されています。また、サスペンションには、コーナリング時のタイヤの接地性を確保するはたらきもあります。サスペンションは、スプリングだけではありません。

■ 衝撃を緩和するスプリング

　スプリングはサスペンションの基本です。乗用車でよく使用されるのは、**コイルスプリング**ですが、コイルは伸縮方向以外にも曲がってしまうため、サスペンションでは車輪が動ける範囲を限定しています。

　トラックには、**板ばね（リーフスプリング）**が使われることがあります。板バネは、重い重量に耐え、構造が簡単で耐久性があります。

　トーションバースプリングは、棒をねじってスプリングにしています。構造が簡単で重量が軽いため、主に乗用車で使用されます。

■ 振動を吸収するダンパー

　コイルの性質として伸び縮みの慣性によって、ある時間振動が続きます。こうなると、路面の凸凹を超えてもしばらくの間は往復運動が続いてしまい、乗り心地に影響します。**ダンパー**（通称**ショックアブソーバー**）は、このコイルの往復運動を吸収して減退させるはたらきをします。

■ 横揺れ防止のスタビライザー

　スタビライザーは、自動車の横揺れを押さえるのが役目です。急カーブで車体が外側に傾いたときなどに威力を発揮します。

　左右の車輪をトーションバーによって接続していて、片輪が持ち上がると、スタビライザーによってそのねじれが元に戻されます。

6-5 サスペンション

■リーフスプリング■

▼リーフスプリング

リーフスプリング

Uボルト

バネ鋼製の板を重ねたもの。構造が簡単で耐久性もあるが、細かな振動は吸収できない。

■サスペンション■

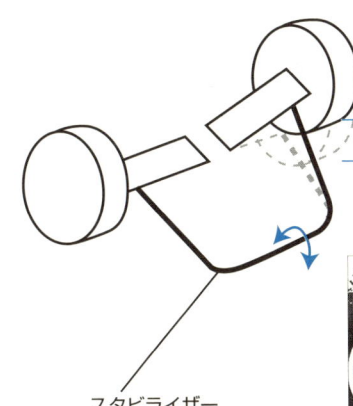

乗りごこちを良くするためにやわらかいスプリングを使うと、コーナリング時にローリングを起こしやすくなる。スタビライザーは、ねじれを元に戻す力を利用して横揺れを防いでいる。

スタビライザー

スタビライザー
コイルスプリング
ダンパー
サスペンションアーム

スプリングは、その復元力によって減退するものの振動は続いてしまう。そこでショックアブソーバーによって振動を吸収する。

6 ステアリングとブレーキ

137

6-6 フロントサスペンション

サスペンションの種類には様々なものがあり、前後輪の違いのほかに、価格や配置できるスペースの問題などの理由で何を採用するかが決まります。ほとんどの自動車の前輪のサスペンション方式には、左右の車輪が独立して動くことができる独立懸架式が用いられます。

■ 独立懸架式サスペンション

自動車は前輪の向きによって進行方向を決定するため、前輪の接地性が強く求められます。前輪に左右の車輪が独立して動く**独立懸架式**が用いられる理由です。

■ ストラットタイプ

ストラットタイプ*では、車輪を**ロアアーム**で車体に取り付けています。ロアアームは車軸に平行に取り付けられていて、横方向の力を受け止めると同時に、接続部分（ピボット）を中心に上下に動きます。振動を受け止めるのは、コイルスプリングとショックアブソーバーを一体とした**ストラット**です。

ストラットタイプは、構造が簡単で軽量化でき、路面との接地性もよく乗り心地もよいため、多くの小型乗用車に採用されています。

■ ダブルウイッシュボーンタイプ

ロアアームの上にもう1つのアーム（**アッパーアーム**）を付け、リンク構造にしたのが**ダブルウイッシュボーンタイプ**です。ロアアームの長さをアッパーアームよりも長くすることで、タイヤが持ち上がるときに横にずれにくくなります。ストラットは、ロアアームに取り付けられています。

ダブルウイッシュボーンタイプは、ストラットタイプに比べて構造が複雑で、重量やコストがかかるため、中型車以上に採用されることが多い方式です。

***ストラットタイプ**　マクファーソンストラットともいわれる。

6-6 フロントサスペンション

■フロントサスペンションの種類■

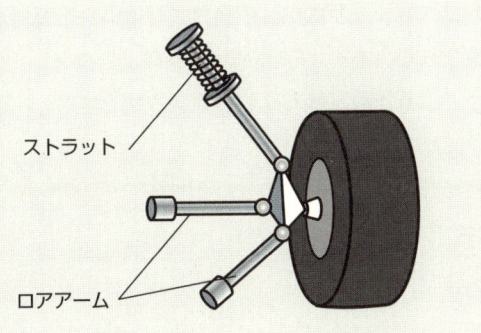

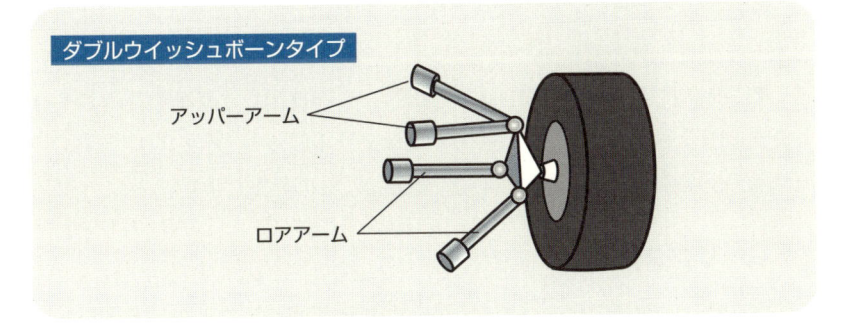

ストラットタイプ

ストラット

ロアアーム

ダブルウイッシュボーンタイプ

アッパーアーム

ロアアーム

■ダブルウィッシュボーン■

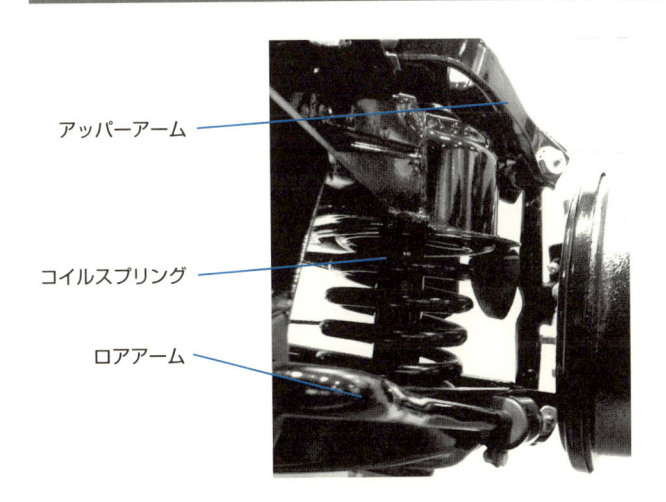

アッパーアーム

コイルスプリング

ロアアーム

ダブルウイッシュボーンは、アッパーアームとロアアームによるリンク機構で、タイヤが上下しても路面との接地はいつも水平になる。

6 ステアリングとブレーキ

139

6-7 リアサスペンション

　リアサスペンションには、駆動方式の違いや車重量などによって多種の方式が考案されています。FR車では、車軸（アクスル）によって左右の車輪がつながっているため、多くは独立懸架方式ではなく、車軸懸架式のサスペンションが使われます。

■ リンク式

　リンク式では、車軸の前方向に延びたリンク（ストラットロッド）によって、前後方向の荷重を受け、さらに接続部分（ピボット）を中心にして上下に振動できるようにしています。また、車軸はコイルスプリングによって支えられています。

　4リンク式では、左右に2本ずつのリンクを使用し、横荷重に対しては**ラテラルロッド**＊を配しているものや、ラテラルロッドの代わりに上側のリンク（アッパーリンク）をハの字型に配置したものがあります。

■ トレーリング式

　独立懸架式のリアサスペンションとして使用されることもある**トレーリング式**は、トレーリングアームのピボットが前方にあり、車輪が引きずられる恰好になっているために名付けられた方式です。

　フルトレーリング式では、ピボット部の回転軸が車軸に対して直角です。この方式では、プロペラシャフトやディファレンシャルギヤが上下動することがなく、そのため床を低くすることができます。ただし、急ブレーキ時には、前につんのめる状態（ノーズダイブ）に陥る傾向があります。FF車に利用されることの多い方式です。

　セミトレーリング式は、ピボット軸が車軸に平行ではなく少し斜めになっている方式です。操縦性や安定性に優れています。また、フルトレーリング式に比べて、ノーズダイブが軽減されます。

＊**ラテラルロッド**　このタイプを5リンク式ということもある。

6-7 リアサスペンション

■リンクタイプ■

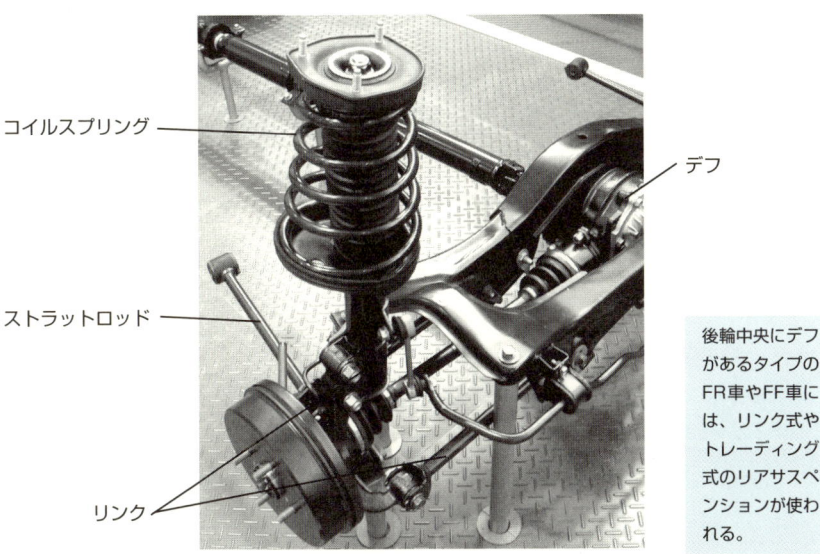

- コイルスプリング
- ストラットロッド
- リンク
- デフ

後輪中央にデフがあるタイプのFR車やFF車には、リンク式やトレーディング式のリアサスペンションが使われる。

■トレーリングタイプ■

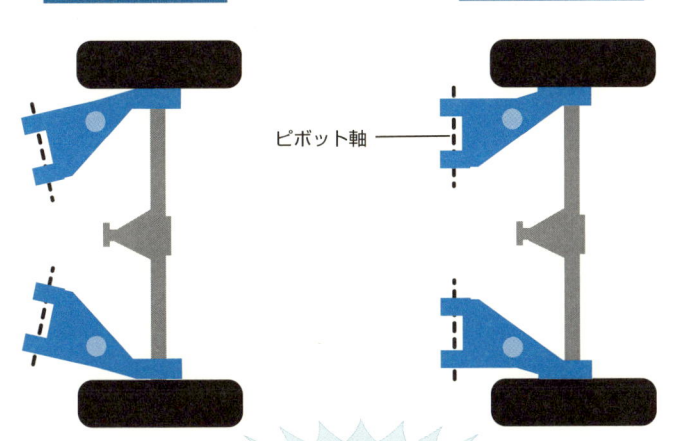

セミトレーリング　　　フルトレーリング

ピボット軸

トレーリングタイプは、デフやプロペラシャフトの上下がないので床を低くできる。乗り心地もよい。

6 ステアリングとブレーキ

6-8 タイヤとホイール

　タイヤは自動車にとって極めて重要な部品の1つです。エンジンの駆動力を路面に伝えるというはたらきのほか、タイヤ自体がサスペンションの役割もはたしています。タイヤを変えることで、自動車の乗り心地は随分と変化します。

タイヤの構造

　適切な空気圧に調節されたタイヤは、駆動力を路面に伝えることができます。構造や材質などによって多くのタイヤが販売されていますが、性能だけではなく、タイヤの弾力によって乗り心地にも関係しています。

　タイヤの構造では、最も内側にはホイールと接する部分の**ビード部**、そしてタイヤの骨格にあたる**カーカス**があります。ビード部は、ナイロンの糸によって補強されています。カーカスは合成繊維を重ね合わせ、それにゴムを染み込ませて作られています。カーカスを斜めに組み合わせたタイヤを**バイアスタイヤ**、放射線状に組み合わせたものを**ラジアルタイヤ**といいます。

　その外側には、**ブレーカー**や**ベルト**の層があります。これらはおもにカーカスを補強する役割をしています。路面と接するのは、いろいろなパターンが刻まれた**トレッド**です。トレッドの模様はおもに排水用の溝です。

　レースには溝がない**スリックタイヤ**＊が使われることがあります。これは、路面との接触面積を最大にするのが目的です。

ホイール

　細い車軸の回転で移動距離を大きくするために、円周の大きなタイヤを車軸に接続する役割をしているのが**ホイール**です。

　ホイールの素材は、スチールからアルミやマグネシウムの合金へと変化しています。これらの軽金属は、軽量化によって燃費や加速性能がアップするだけではなく、見た目も美しいためよく使用されています。高速走行時の固有振動対策としても有効です。

＊**スリックタイヤ**　雨の走行には、溝のあるタイヤに履き替える。

6-8 タイヤとホイール

■ラジアルタイヤの構造■

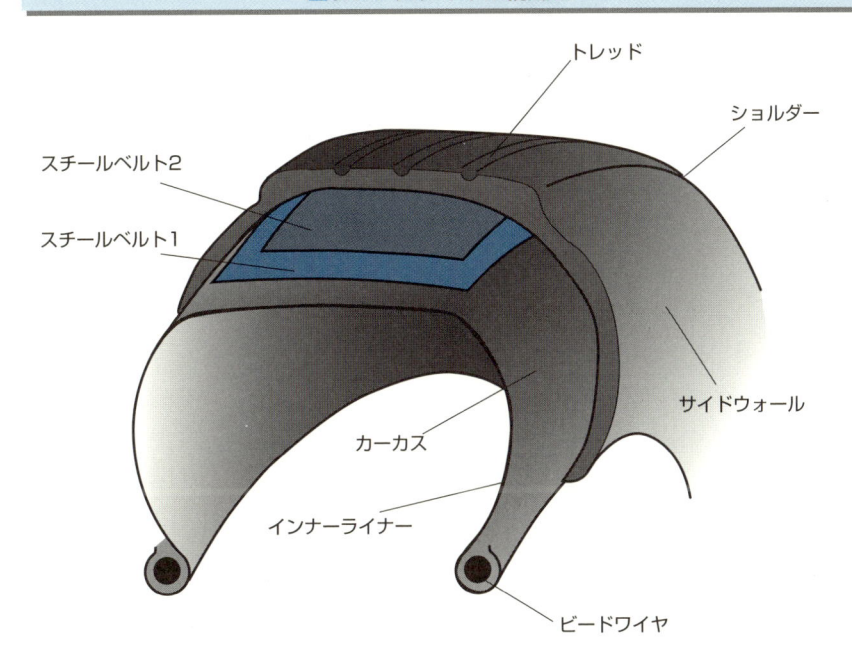

- トレッド
- ショルダー
- スチールベルト2
- スチールベルト1
- サイドウォール
- カーカス
- インナーライナー
- ビードワイヤ

■バイアスタイヤとラジアルタイヤ■

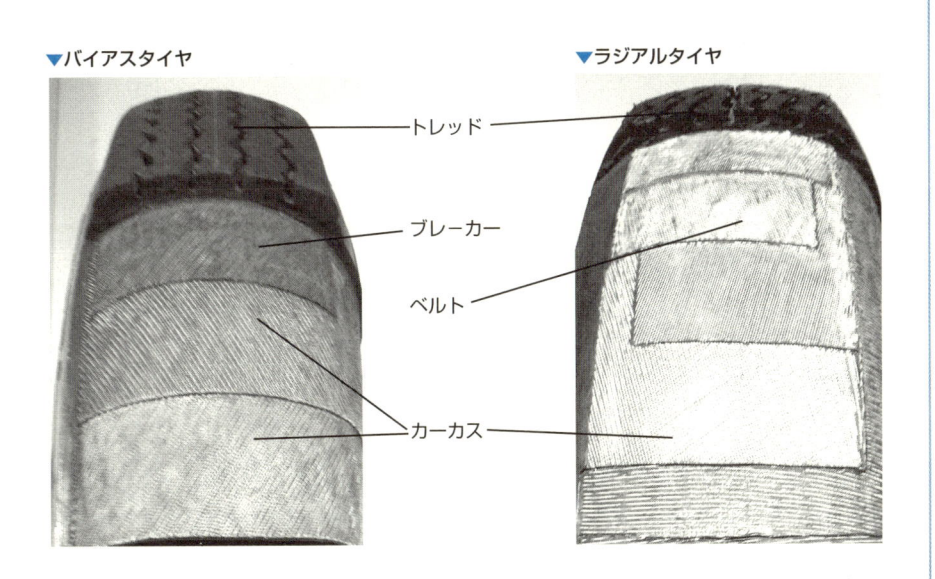

▼バイアスタイヤ

▼ラジアルタイヤ

- トレッド
- ブレーカー
- ベルト
- カーカス

6 ステアリングとブレーキ

6-9 4WS

　前輪による操舵システムでは、高速コーナーで後輪が外側にふくらもうとします。また、ホイールベースが長くなった大型車では、小回りがきかなくなってしまいました。これらを解決するために4輪すべてを動かす方式が考案されました。

4WS

　4WS*は、前輪だけの操舵システムのデメリットを解消するために、4輪すべてを適切な角度に向きを変えるためのシステムです。4WSでは、後輪を前輪と同じ方向に動かすことを**同位相**、反対の方向に動かすことを**逆位相**といいます。

　同位相にすると、高速でのコーナーリングで、後輪も同じように回転しようとするため、車体を安定させることができます。ただし、後輪の角度は前輪に比べて小さなものとなります。

　街中での乗り回しでは、車庫入れや狭い場所での方向転換などに小回りできる性能が要求されます。大型車は小型車に比べて、これらの性能が劣ります。4WSでは、逆位相にすることで、大型車でも小回りの性能を上げることができるようになります。

4WSの制御

　車速や舵角をセンサーによって読み取り、同位相か逆位相か、また後輪の舵角をどの程度にするのかをコンピュータが判断します。

　4WSシステムは、自動車各社で様々な方式が考案されていますが、基本的には低速では逆位相、高速時には同位相になるようにセッティングされています。

***4WS**　4 Wheels Steeringの略。

■4WSの仕組み■

後輪同位相

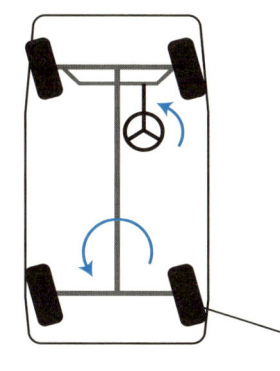

中高速走行時では電子制御によって素早く応答する。高速走行でのカーブでは後輪を同位相にして安定性を得る。

同位相に切れる

後輪逆位相

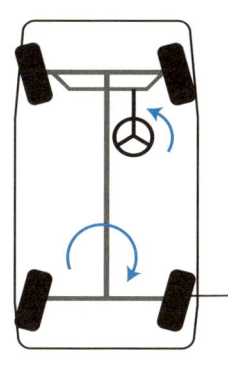

低速走行時にハンドルを大きく切ると、後輪が逆位相に大きく切れて小回りしやすくなる。

逆位相に切れる

4WSの後輪を操舵するための仕組み。走行スピードなどにより、ケーブルや電子制御によって操舵される。

COLUMN　未来の乗り物

　愛・地球博で話題になったトヨタのi-unit（アイユニット）は、1人乗りの乗り物です。本書で紹介している自動車の機能や仕組みのほとんどが当てはまらない程、斬新な乗り物です。未来の自動車はこうなるのかもしれません。

　i-unitのコンセプトは「人間の拡張」で、サイズや姿勢、操作性が人間の行動に融合するようにデザインされています。その場で回転することも可能です。隣を一緒に人が歩いていても不思議ではないでしょう。高速モードでは、車高が低くなり、重心を下げて、ホイールベースも長くなるので車道を高速で走行できます。

　リヤのタイヤに取り付けられたモーターをリチウムイオンバッテリーで駆動しています。ボディーの多くの部分は植物（ケナフ）から作られる植物性のプラスチック素材からできています。

▼i-unit

第7章

安全性と快適性

　自動車は世界各国の規格に対応するために、それぞれの対応が迫られていますが、衝突安全基準等は海外で認められて、日本でも採用になった例なども見られます。環境への適合と同時に安全性や快適性の向上が、これからの自動車にはより一層求められることでしょう。ここでは、安全性向上の為の技術や自動車の運転をより快適にするための装置などを紹介していきます。

7-1 ボディー構造

　自動車のボディーには、人や荷物が収容され、さらにエンジンなどの装備が設置されます。外観のデザインを大きく左右するボディーですが、特性としてまず強固で軽量でなければなりません。最近では、この上に安全であることが要求されています。

■ モノコック構造とフレーム構造

　自動車のボディー構造は、**モノコック構造**＊と**フレーム構造**の2種類に大別できます。自動車のモノコック構造は、航空機や船の完全なモノコック構造とは異なり、フレームとボディーが一体となった構造をしています。

　モノコックボディーは、プレス成型した薄い鋼板をスポット溶接でつなぎ合わせて組み立てられています。ただし、エンジンやサスペンションなどには、部分的にはフレームが入っています。

　さらに強度が求められるオフロードタイプの自動車の中には、**フレーム構造**を持っているものもあります。通常は、車体を載せるようなフレームを使っています。

■ 安全性を高めるボディーの工夫

　世界的に自動車の安全性の強化を進める動きが加速する中、日本でも1994年の4月から、前面衝突試験（フルラップテスト）の義務付けと、それに伴う安全基準が設けられました。1996年には側面衝突試験が追加されました。

　自動車は側面からの衝突では、ドア内部に**サイドドアビーム**と呼ばれる支柱を取り付けたり、衝突のエネルギーを室内以外の部分で吸収する構造が採用されるようになりました。

　衝突安全ボディーでは、人の乗るキャビン（室内）の変形を避けるため、他の部分のつぶれ具合を増して衝撃を吸収する構造になっています。

＊モノコック構造のフレームはメンバーと呼ばれています。

7-1 ボディー構造

■モノコック構造■

モノコックボディーは、フレームとボディーが一体化されて、力を受け止める構造をしている。

オフロードカーなど耐久性が要求される一部の車種には、独立したフレームを持ち、そのフレームにエンジンやサスペンションが取り付けられている。

■衝突安全ボディー■

人員が乗車するキャビネット部分は強固に、そして、衝突の衝撃を軽減するためエンジンルーム等は適度に変形するようになっている。

7 安全性と快適性

7-2 灯火装置

小型の発電機（ダイナモ）が開発されると、電気を使った灯火装置が自動車に装備されるようになりました。ヘッドライトやテールランプのほか、ブレーキランプや方向指示ランプ、バックランプは、現在の自動車にはなくてはならない装備です。

ヘッドライト

夜間の安全な運転視野を確保するためヘッドライトは明るくなくてはなりません。しかし、一方で対向車の運転を邪魔したり、眩惑したりしないよう、ヘッドライトは、**ハイビーム**と**ロービーム**の切り替えができるようになっています。

日本の場合、ハイビームで前方100m先、ロービームで40m先の障害物を確認できることが規格要件となっています。

ヘッドライトのレンズの表面にカットを施したり、リフレクターと呼ばれる反射板の形状を複雑にすることで、光源は1つでも広い範囲から発光し、それが一定方向を向くように配光を調節しています。このため、最近の自動車のデザインでは、ヘッドライトに特徴があり、俗にいう自動車の顔に丸目が減って、精悍な感じがするようになりました。

電球の種類

自動車には、様々な用途の灯火装置が付いています。灯火装置の光源の多くには、タングステン製のフィラメントを使った**白熱電球**が使われています。

室内ランプやメーターランプ、方向指示ランプ、バックランプなどには、このような電球が使われていますが、明るさが求められるヘッドランプには、**ハロゲン電球**が多く使われています。

通常の白熱電球の内部は、不活性ガスで満たされていますが、ハロゲン電球の場合は、ヨウ素などのハロゲン属元素のガスが入っています。

最近の灯火装置の動向

　最近、自動車後部の灯火類や方向指示ランプに、消費電力が少ない上に寿命の長い**LED**＊が使われています。LEDは白熱電球程度の大きな光源には使えませんが、LEDを集合させて使うことで、バックランプやウィンカーなどに使用されています。

　HID＊**ランプ**は、キセノンガスを使用した非常に明るい照明です。ハロゲン照明に比べるとまだまだ高価ですが、ヘッドランプに利用されています。

　カーブ時にカーブする側を照らすシステムとして**AFS**＊を搭載する自動車も注目されています。

■白熱電球とハロゲン電球■

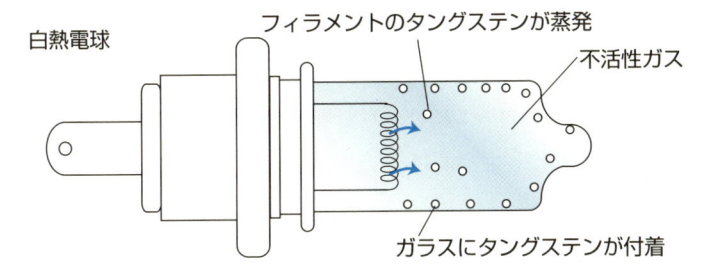

白熱電球
- フィラメントのタングステンが蒸発
- 不活性ガス
- ガラスにタングステンが付着

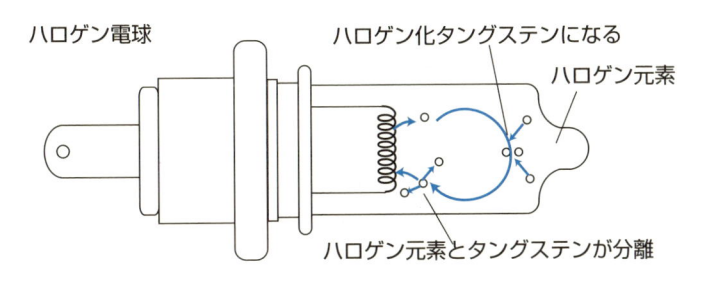

ハロゲン電球
- ハロゲン化タングステンになる
- ハロゲン元素
- ハロゲン元素とタングステンが分離

＊**LED**　Light Emitting Diodesの略。**発光ダイオード**。
＊**HID**　High Intensity Dischargeの略。**高輝度放電装置**。
＊**AFS**　Adaptive Front lighting Systemの略。曲線道路用配光可変型前照灯火。

7-3 シートとシートベルト

キャビン（室内）を見たときに多くの人が目をとめるのは、シートでしょう。自動車に乗るというのは、シートに座ると同義です。そのデザインと座り心地（乗り心地）は、自動車の性能表には数値として表れませんが、自動車を評価する時に大きなウエイトを占めています。

シート

シートは、喫茶店のソファのようなふかふかした柔らかい乗り心地を追求しているわけではありません。特に運転席のシートに求められる機能はホールド性です。

高速カーブや急カーブでは、乗員はカーブの外側に向かう力（遠心力）を受けます。遠心力によって運転操作ができなくなっては危険です。そこで、シートは乗員の体をホールドするシート形状を持ち、適度な固さを備え、長時間座っていても疲れない構造になっています。

さらに、運転手のシートには、ポジションを調整するためのリクライニング機能やシートスライド機能などが備わっています。

シートベルト

シートベルトは、衝突時に慣性力によって乗員が前方に投げ出されるのを防止する役目をする機構で、日本では装着が義務付けられています。

前席のシートベルトは、**3点式シートベルト**と呼ばれる、より安全性の高いシートベルトです。これは、腰の部分をホールドする**2点式シートベルト**に加え、肩から斜めに上半身をホールドするものです。

最近の乗用車には、**プリテンショナー**と呼ばれる、衝突時の衝撃を感知して、シートベルトを巻き取って乗員の拘束をより高める機構や、シートベルトに一定以上の荷重がかからないようベルトを緩め、乗員の胸部への衝撃を緩和する**フォースリミッター**という機構が装備され始めています。

7-3 シートとシートベルト

■シートのすわり心地■

▼初代クラウンのシート内部

▼セルシオのシート

コイル状のバネが並んでいる。

シートの素材やバネの形状を改良して、適度の固さを備えている。

■シートのポジション調整■

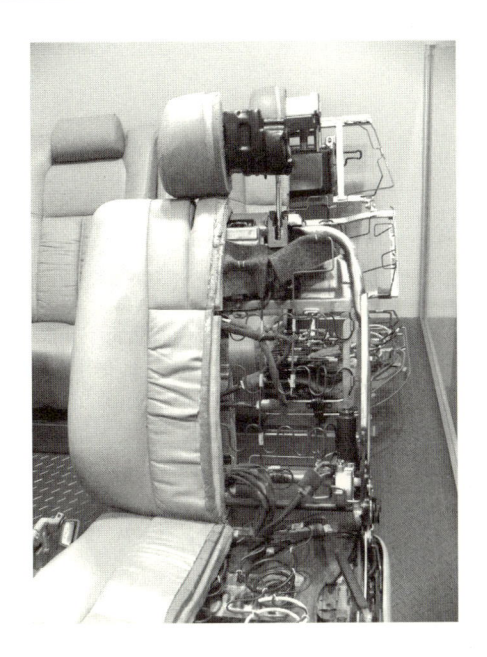

電動や手動によるリクライニング機能やシートスライド機能がある。

7　安全性と快適性

7-4 エアバッグ

　非常時にだけ機能を発揮する安全装備として、最近の自動車に標準で装備されることも多くなったのがエアバッグです。大きな衝撃を受けたときに、3点式のシートベルトをしていても、ハンドルやダッシュボードに上半身や頭部を激しく打ち付けてしまうことを防止します。

エアバッグのタイミング

　エアバッグは、自動車が衝撃を感じたときに瞬時に膨らむ風船で、乗員の生命を守る機能を持っています。エアバッグが開くまでの時間は、100分の数秒程度です。このように瞬時に開くエアバッグの衝撃もすさまじく、プロサッカー選手の蹴ったボールが当たるくらいの衝撃があります。そのため、エアバッグによって気を失うこともあります。

　どの程度の衝撃でエアバッグを起動するのかの判断も重要です。あまり大きな衝撃でないときにエアバッグが起動したのでは、逆に大きな事故につながりかねません。

エアバッグの仕組み

　SRS*は、シートベルトをしていたときに、役立つ装置です。衝突時にはステアリングウィールパット部や助手席前方のダッシュに内蔵された風船が膨らみます。センサーからの衝撃データをコンピュータが解析し、必要と判断すると、エアバッグの火薬に点火してガス発生剤が燃焼し、それがエアバッグを膨らませます。その後、ガスが少しずつ抜けることによって、頭部への衝撃を緩和します。運転席や助手席のほか、横方向の衝撃に対して、サイドエアバッグやカーテンシールドエアバッグが作動し、フロントピラーやサイドウィンドウへの衝撃を緩和するシステムもあります。

　ちなみに、サイドエアバッグは以前から安全性を重視してきたスウェーデンの自動車メーカーであるボルボが世界で最初に採用しました。

＊**SRS**　Supplemental Restraint Systemの略。

7-4 エアバッグ

■エアバッグの仕組み■

センサー

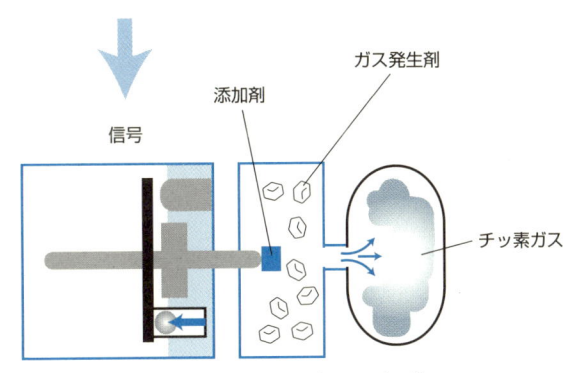

信号

添加剤
ガス発生剤
チッ素ガス

エアバッグセンサー　インフレーター　バッグ

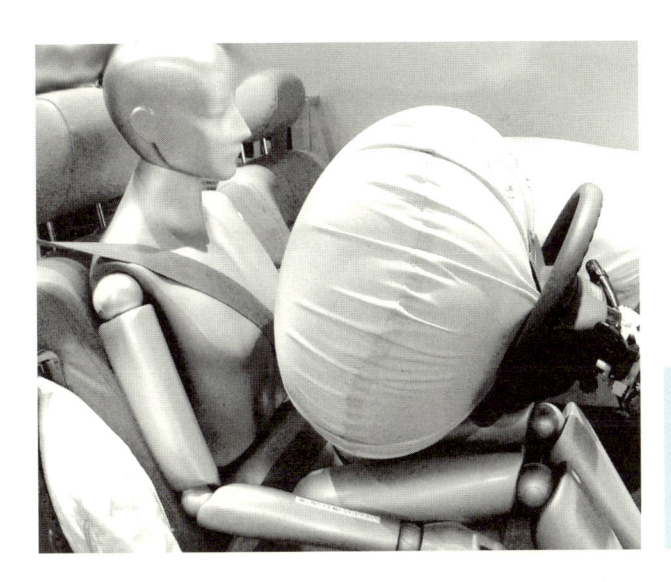

エアバッグは乗員の生命を守る装備だが、シートベルトとの併用が効果条件となる。

7 安全性と快適性

7-5 GPSナビ

知らない土地でも行きたい場所を入力するだけで、道程を案内するシステムをナビゲーションシステム（ナビ）といいます。現在、多くの自動車に取り付けられているナビゲーションシステムは、衛星を利用して現在地を特定し、内蔵したメディア内の地図情報などを利用したGPSナビです。

GPSの仕組み

GPS*による位置測定システムの開発は、アメリカの国防総省で始まり、その後、民間へ転用されて現在に至っています。自動車に搭載されているGPSナビは、全世界をカバーする複数のGPS衛星によってもたらされる位置情報と、ナビ本体が持っている地図情報などを使って目的地までの道程を案内しています。

GPSナビは、静止している複数のGPS衛星からの電波を受信します。GPS衛星の位置は正確にわかっていて、しかもそれぞれの時間は同期しています。したがって、4つのGPS衛星から届いた電波の遅延時間を元にした方程式を解くことで、自動車の位置が3次元の座標として特定できます。

VICS

ナビには、**VICS***機能の付いたものがあります。VICSは、渋滞や交通規制などの道路交通情報をリアルタイムでナビ上に表示することができます。

渋滞などの情報は、道路に設置されている**超音波ビーコン**や**光ビーコン**により収集されます。

これらのVICS情報は、道路管理者や警察署から**日本道路交通情報センター**を経由して、VICSセンターに送られてVICS用に情報処理されてから送信されています。

VICSは、警察庁や総務省、国土交通省などが共同で推進している**高度道路交通システム(ITS)**の1つの要素として期待されています。

＊**GPS**　Global Positioning Systemの略。
＊**VICS**　Vehicle Information and Communication Systemの略。通常「ビックス」と読む。

7-5　GPSナビ

■GPSの仕組み■

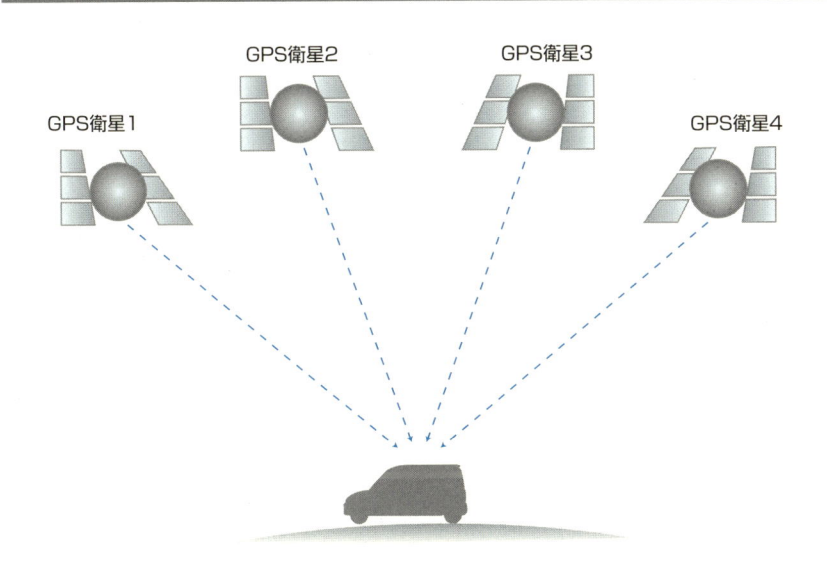

GPS衛星1　GPS衛星2　GPS衛星3　GPS衛星4

GPSナビゲーションでは、4つのGPS衛星からの電波が届く時間差によって現在の位置を精確に知ることができる。それを内蔵した地図上にポイントすることで道案内する。

COLUMN　アンダーステアとオーバーステア

　旋回している物体には遠心力が働きます。自動車ではその遠心力に負けて外に飛び出さないように前輪と後輪が分担して横方向に求心力を出し、遠心力と釣合っています。もっとスピードを上げると遠心力はさらに大きくなり、それにつれて前輪と後輪の出す求心力も大きくなります。しかし、それには限界があり次第にふんばりきれなくなると、タイヤは徐々に横滑りを始めます。

　後輪より前輪の方が大きく横滑りする自動車では、限界旋回半径はスピードとともに大きくなりハンドルの効きが悪くなったような感じになります。このようなハンドリング特性をアンダーステアといい、自動車が外側にふくらんでしまいます。これをコントロールするには、エンジンブレーキを使います。一般にFF車はアンダーステアの傾向があります。

　反対に後輪が横滑りすることで自動車が内側に切れ込んでしまう現象をオーバーステアといいます。一般にFR車はオーバーステアの傾向があります。

7　安全性と快適性

7-6 ウィンドウガラス

初期の自動車のウィンドウに使われていた普通のガラスは、衝撃で割れたときにたいへん危険でした。現在、自動車のウィンドウには、割れても危険が少ないような強化ガラスや合わせガラスが使われてます。また、紫外線や赤外線をカットするウィンドウ用ガラスも開発されています。

■ 飛び散らないウィンドウガラス

強化ガラスは、衝撃を受けると細かなヒビを作り、さらに衝撃を受けると粉々になるガラスで、粒状に砕けるため破片の1つひとつが小さく、また鋭利になりにくいため刺さりにくくなります。ただし、細かくヒビが入った強化ガラスは、ウィンドウを白く覆うため視界を見にくくしてしまいます。そこで、運転手の正面のウィンドウ部分だけ、大きなヒビ割れにする部分強化ガラスが採用されます。強化ガラスは、熱したガラスに空気を吹き付けて急速に冷やし、表面に歪みを作っています。

合わせガラスは、部分強化ガラスに変わって、ほとんどの乗用車のフロントガラスに採用されています。合わせガラスは、薄い合成樹脂を2枚のガラスで挟んで仕上げたもので、割れても視界を確保し、飛び散りません。

■ 赤外線や紫外線をカットするガラス

自動車のガラスには、**UV（紫外線）カット**ガラスが採用されることが多くなり、直射日光による日焼けを防止します。また、赤外線の透過を抑える**IR（赤外線）カット**機能を持ったガラスが使用されることがあります。このガラスは炎天下でのインパネ上部やステアリングホイールの温度上昇を抑え、劣化を防ぎ、エアコンがよく効く効果もあります。

なお、フロントガラスと前席の左右のガラスの可視光の透過率は70％以上でなければなりません。

7-6 ウィンドウガラス

■強化ガラスと合わせガラス■

▼強化ガラス

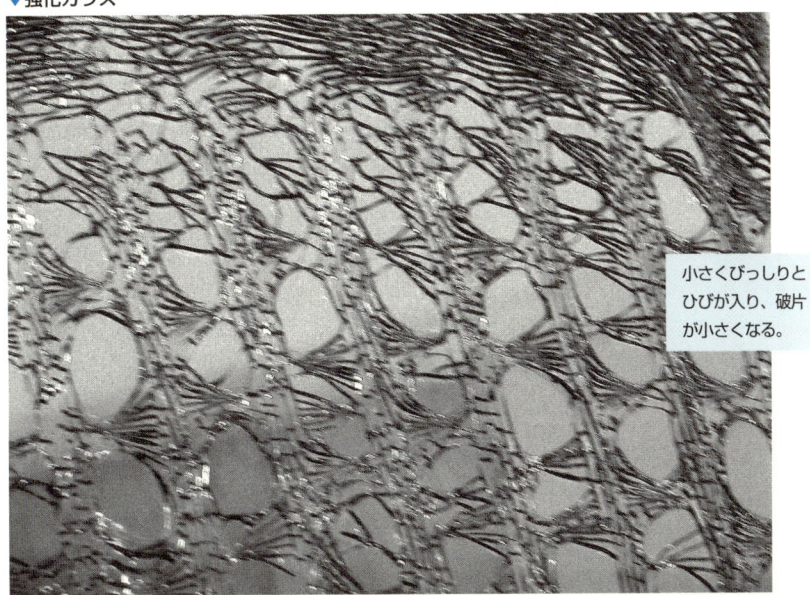

小さくびっしりとひびが入り、破片が小さくなる。

▼合わせガラス

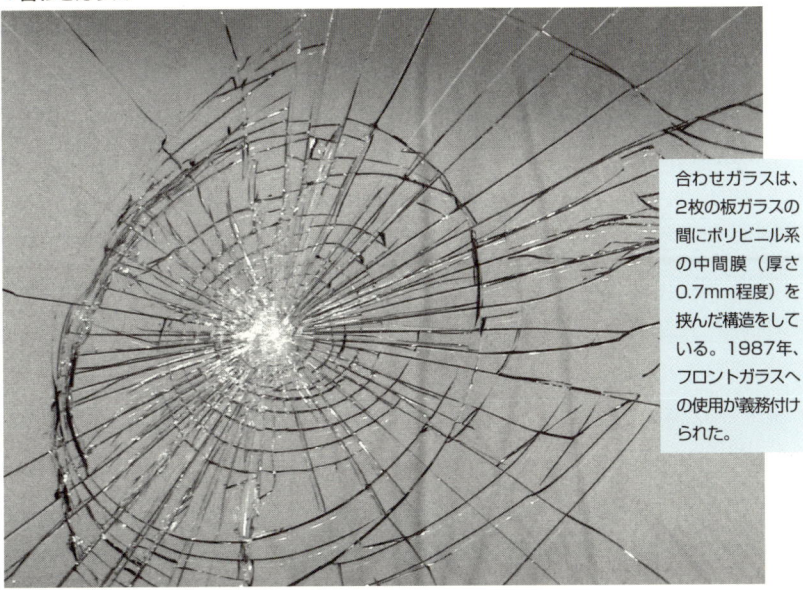

合わせガラスは、2枚の板ガラスの間にポリビニル系の中間膜（厚さ0.7mm程度）を挟んだ構造をしている。1987年、フロントガラスへの使用が義務付けられた。

7 安全性と快適性

7-7 LEDライト

LED＊は、発光ダイオードに光の三原色がそろったことで、その応用範囲が広がっています。経済性に優れ、小型化が可能なLEDの特徴を生かして自動車のライト類への応用も始まっています。

LEDの特徴

　自転車の夜間ライトとして取り付けたLEDを点灯あるいは点滅させて夜道を走行すると、路面を照らす光度が足りない＊ことがあります。ヘッドライトとしての普及は、もう少し先でしょうが、LEDの特徴を生かし、自動車の各種ライトへの利用は始まっています。

　LEDの特徴としてまずは、長寿が長く低消費電力が小さいという経済性があげられます。また、これは環境に優しいことも意味しています。次にLEDは、小型化が可能なため、デザイン上の可能性を広げることができます。

　このため、光度不足が気にならないテールライトやストップランプなどへの利用が進んでいるのです。

LEDヘッドライト

　省電力で寿命も長いといっても、ヘッドランプの光源に使用するためには、大きな光量と高い輝度が必要です。これまでのLEDでは、HIDランプ並みの性能を出すのが困難とれていました。

　世界ではじめてレクサスに搭載されるLEDヘッドランプでは、複数の高輝度LEDと反射鏡を効果的に組み合わせることによって、合成した光を作り出します。この結果、これまでのものとは異なるデザインのヘッドライトが作り出されました。

　LEDヘッドライトと従来のHIDライトとの比較では、HIDライトが点灯時に高い電圧を必要とし、さらに100％の明るさになるまでに時間がかかることからすると、LEDヘッドライトへの需要はさらに伸びると予想されます。

＊**LED**　Light Emitting Diodeの略。発光する半導体素子を利用している。
＊**光度が足りない**　軽車両の前照灯の光度は、都道府県条例で決められてる。「前照灯白色又は淡黄色で、夜間前方10メートルの距離にある交通上の障害物を確認することができる光度を有するもの」(埼玉県)

7-7 LEDライト

■LEDヘッドライト■

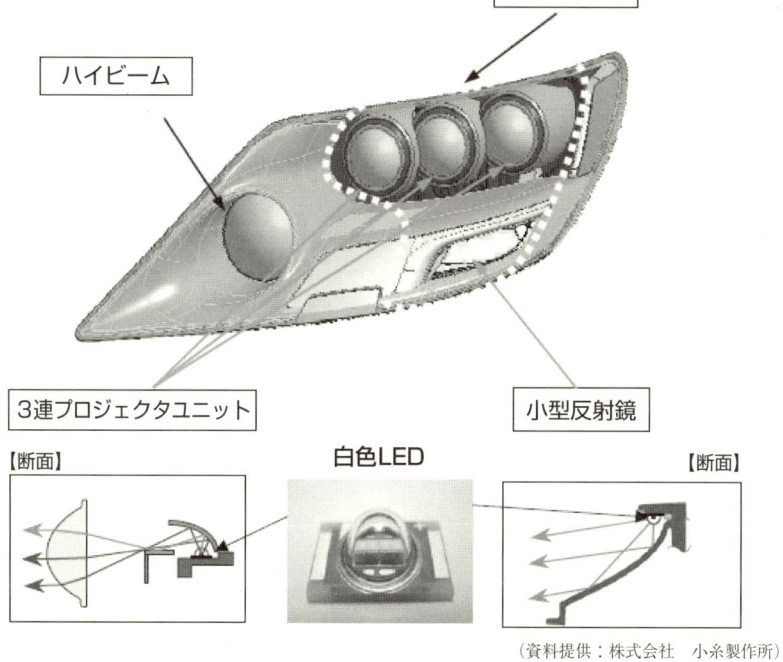

- ロービーム
- ハイビーム
- 3連プロジェクタユニット
- 小型反射鏡
- 白色LED

【断面】　【断面】

（資料提供：株式会社　小糸製作所）

7-8 自動車の乗り心地

　自動車の好き嫌いは、デザインはもちろんですが、そのほかはカタログに載っている諸元表の数値ではなく、実際に乗ってみての加速やコーナリングでのフィーリングによるものが多いようです。ここでは、車体の剛性や乗り心地などについて見てみましょう。

剛性とは

　剛性とは、強さ（こわさ）のことで、ある物体に力を加えたり、ねじったりしたときの、歪みの少なさを示した値です。剛性が高いと、外からの力に対して変形が少ないといえます。強度と剛性は別物です。例えば、スプリングは、強度が高く簡単に破損しないのに、剛性が低く柔らかいものです。

自動車の足回りの剛性

　自動車の剛性が乗り心地として議論されるときに、それはほとんどが足回りに対するものです。車の剛性が高いというのは、車の振動が不快な範囲になく、すぐに減退することを意味します。最近では、ドイツ車と比較して、日本車の剛性も向上してきました。

車体の剛性

　車体の剛性が低いと、どのようなことが問題になるのでしょう。例えば、パンクしたタイヤ交換などで、ジャッキを使って車輪を持上げたようなとき、車体にはねじれの応力がかかります。このとき、剛性が低い車では、たわみが大きくなってドアが開閉できなくなるかもしれません。

　しかし、最近の車体の表面は薄く、剛性は低くなっています。また、歩行者との衝突時に歩行者の傷害の軽減を目的として衝撃吸収構造を使うこともあります。剛性を高めるには、モノコック構造を車体の骨格とし、車体を構成する鉄板の各所に溝（ビート）を作っています。

自動車の揺れ方と乗り心地

乗り心地を左右するクルマの揺れには、**バウンシング、ピッチング、ローリング**の3つがあります。乗り心地をよくするには、これらの振動を不快と感じないような振動数に収めることが重要です。

人間は、自分が歩くときの（上下方向の）振動と同程度であれば、自動車に乗って揺られていても不快には感じないと思われます。これ以外の振動が乗車中に続くと不快になり疲れを感じるでしょう。

バウンシングは、車体の質量とバネで決まります。通常、不快にならない振動は、0.8～1.5ヘルツとされています。なお、モータースポーツ用の硬いサスペンションでは、6ヘルツ程度になります。この振動は、内臓がゆすぶられ、人体には不快な振動です。

ピッチングは、進行方向軸に対しての回転振動です。乗っている人の頭が、前後にゆすられ不快と感じます。ピッチングとバウンシングは、通常は同時に起こります。ピッチングは、不快と感じないバウンシングに置き換えることで対策しています。

ローリングの共振点は、5～7ヘルツにあります。クルマは前に進んでいるため、バウンシングに比較して、ローリングはあまり大きくないため、乗り心地としてはあまり問題になりません。ただ、ワインディングロードなどでの操縦性としては重要な項目です。

■自動車の揺れ■

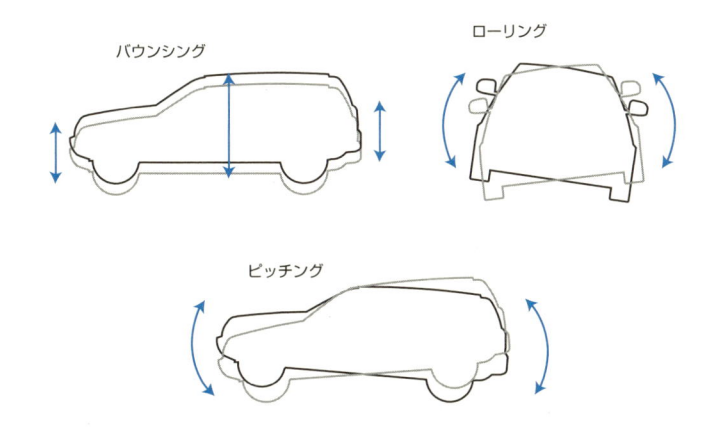

バウンシング

ローリング

ピッチング

騒音

　自動車の騒音の発生源には、エンジンの爆発音と機械音、エンジンが空気を吸い込むときの吸気音、マフラーから出る排気音、タイヤが転がるときに出るロードノイズ、車体が風を切るときの風切り音があります。

　騒音には大きく分けて車内音と車外音があります。車外音は、道路運送車両の保安基準によって、加速走行騒音、定常走行騒音と近接排気騒音の3つで規制されています。この基準は85ホンとなっていますが、実際にはこの数値を十分に下回る値となるよう指導が行われています。車内音対策としては、できるだけ車外音が室内に入り込まないようにします。室内に入った騒音は、吸音材で吸収します。よく吸音できている高級車に乗り、ドアを閉めると、一瞬音が消えた錯覚をするものです。

ハーシネス

　ハーシネス*とは、タイヤが道路の継ぎ目のような小さい突起や小さな段差を通過したときに感じる「ストン」という音を伴ったショックのことで、実際に乗車していると軽い突き上げを感じます。

　ハーシネスの原因の1つは、ラジアルタイヤです。ラジアルタイヤによって、接地面との剛性が上がったため、継ぎ目のような小さな突起や段差のショックを緩めることなく伝えやすくなったのです。

　ハーシネスの改善には、タイヤの改善はもちろんのこと、サスペンションやゴムブッシュの改善を積み重ねなければなりません。

＊ハーシネス　harshness。

第8章

進歩する自動車

ここでは次世代の自動車として、すでに採用が始まっているものから、実用に向けて開発やテストが繰り返されているもののいくつかを紹介します。

8-1 最新の自動車と開発中の技術

日本に最初に輸入された自動車は電気自動車でした。それから100年以上も経った現在、再び電気を使った自動車が注目されています。エンジンとモーターを組み合わせたハイブリッド自動車や、燃費の向上と排出規制をクリアするエンジンを搭載した自動車もすでに数多く走っています。

■ 最新のエンジン技術

　低速域でも高速域でもそれぞれに力を発揮するようなエンジンの開発は、コンピュータを自動車に搭載することで可能になりました。さらに、コンピュータは、センサーによる情報を元にして、燃料の噴射量の細かな調節やタイミングの制御を行い、燃費の向上や排気ガス中に含まれる有害物質の低減にも役立っています。

　1997年にトヨタのプリウスに採用されたのは、エンジンとモーターとの連係によって、充電と放電を繰り返しながら走る**ハイブリッド**システムです。現在では、トヨタ車のほかにも多くの自動車に搭載されています。

　さらに、外部電源を使って電池を充電するプラグインハイブリッド車*の実用化も進んでいます。

■ これからのエンジン

　これからの自動車のエンジンとしては、ガソリン以外の燃料（エタノール、天然ガスなど）を使ったものの開発が進んでいます。

　また、究極のエンジンとして、世界中の自動車メーカーがしのぎを削っているのが燃料電池システムです。

　燃料電池自動車は、水素を空気中の酸素と化学反応させて得た電気エネルギーを使ってモーターを回転させて走る自動車です。燃料電池によって排出されるのは水です。燃料電池自動車は、すでにトヨタとホンダが型式認定の取得を申請しました。将来の自動車の動力源として最も期待されていることもあり、海外の自動車メーカーでも研究開発には熱心です。

＊**プラグインハイブリッド車**　　英語ではPlug-in Hybrid Vehicleといい、PHVと略すことがある。

8-1 最新の自動車と開発中の技術

■次世代エンジンの特徴■

	燃　料	排出ガス特性
メタノール自動車	主に天然ガスから精製されるメタノールが燃料。 ➡石油代替エネルギー性に優れる。	黒煙が全く排出されず、触媒によりCO、HCも少ない。Noxが少ない。
ハイブリッド自動車	減速時の制動エネルギーを回収（充電または蓄圧）し、加速時にエンジンを補助する。 ➡燃費が向上する。	CO、HC、Nox、黒煙いずれも少ない。CO_2が少ない。
圧縮天然ガス(CNG)自動車	圧縮天然ガスが燃料。 ➡石油代替エネルギー性に優れる。	黒煙が全く排出されず、触媒によりCO、NOxも少ない。CO_2が少ない。
電気自動車	バッテリーに充電した電力により走行。 ➡原子力エネルギーなのどの利用により代替エネルギー性に優れる。	走行中に排出ガスが出ない。CO_2が少ない。

2人乗りの小型電気自動車は、複数の機関で共同利用するITSのシステムの担い手としても期待されている。

8　進歩する自動車

8-2 可変バルブタイミング

4サイクルエンジンでは、バルブの開閉のタイミングは、最も多用される運転条件によって設定されています。通常は、高回転重視か低回転重視かでエンジンを選択するのですが、最近の高性能エンジンでは、運転条件に合わせてタイミングが変化する機構が実用化され始めています。

バルブタイミング

エンジンに出入りする空気は流体としての慣性があるため、効率良く吸気と排気を行うためにバルブのタイミングをずらしています。

吸気バルブの開き始めの頃は、吸入量が少ないため吸気バルブは上死点より多少前（5～10度）に開け始めるのが普通です。

■吸気バルブのタイミング

吸気バルブが開いた後は、空気はピストンの下降による負圧で、シリンダー内に導き入れられます。下死点を過ぎても、空気の慣性で圧縮行程になってもしばらくの間は流入が続きます。高回転時、バルブを閉じるタイミングが早いと、その後も吸入可能な新気が入り切らず、効率を高めることができません。反対に閉じるのを遅くすると、低回転ではシリンダー内の圧力の方が高くなって、それまでに吸入された新気が吸気通路に逆流することになります。吸気バルブを閉じるタイミングは、通常、下死点後30～50度の範囲にあります。

■排気バルブのタイミング

排気バルブが開き始める時、シリンダー内の圧力は非常に高くなっているため、バルブが開くと燃焼ガスは自らの圧力で勢いよく流れ出ます。したがって、バルブを開く時期が早過ぎると、燃焼ガスの圧力が低下してしまいます。反対に開く時期が遅すぎると、高回転では排気の時間が十分に確保できず、排気工程の最後で残留ガスが増えてしまいます。

したがって、通常、排気バルブの開きだしは、下死点前50度前後となっています。

排気バルブが開いた後、ピストンの上昇によって燃焼ガスの排出が続けられます。やがて上死点を過ぎ、排気バルブを閉める時期になります。このタイミングが早すぎると、燃焼室内に残留ガスが多く残り、効率が低下します。しかし、遅すぎても、ピストンの下降に伴って、排気通路から燃焼ガスが燃焼室内に逆流し、これまた残留ガスが増えることになります。排気の場合も、流れが止まる時期を見計らってバルブを閉じるようにします。その時期は回転速度によって異なりますが、通常、上死点後5〜20度前後とされています。

■バルブタイミング■

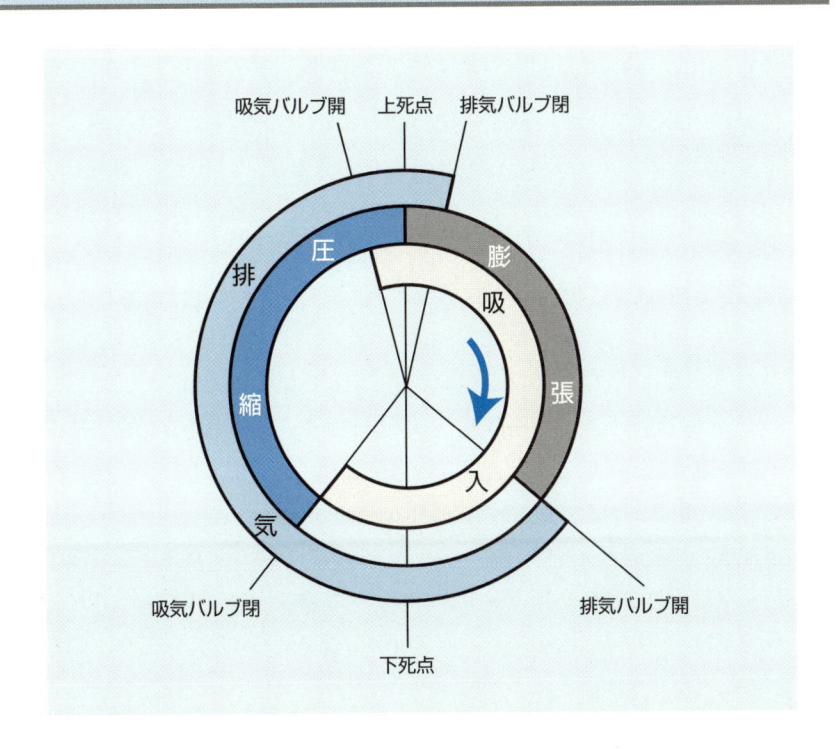

可変バルブタイミング

　一般にショートストロークエンジンは、大きなバルブ面積を確保できるなどの理由から、高回転での性能が優れる半面、低回転では燃焼が困難になってトルクが低下する傾向があります。反対にロングストロークエンジンは、低回転での性能は良いが、高回転では劣ります。

　街中での運転では低・中速の性能が必要とされ、高速走行では高回転型のエンジンが望まれます。このように相反する条件を満たすために考えだされたのが、バルブタイミングを変える可変バルブタイミングシステムです。

　可変バルブタイミングシステムは、運転状況によって吸気のバルブタイミングを変化させることで、低速から高速まで幅広い回転域にわたって性能の向上を図ろうというものです。当然、吸気と排気のカムシャフトがあるＤＯＨＣエンジンが前提になります。

　各メーカーで多少システムに違いがあり、呼び方も異なります。トヨタではVVT、ホンダではVTEC、三菱ではMIVECなどがあります。各メーカーによってそのシステムは多少異なります。例えば、VTECは、吸気側の2つのバルブに3種類のカムが組み合わされていて、回転数に応じてカムが切り替わるシステムです。VTEC-iでは、カムの種類は2種類で、ECU（エンジンコントロールコンピュータ）がバルブタイミングを変化させます。

ミラーサイクルエンジン

　マツダの開発したミラーサイクルエンジンは、吸気バルブの閉じるタイミングが遅くなっていて、下死点よりも後です。このままでは、トルクが落ちてしまいます。そこで加給装置を併用します。

　加圧された混合気を短いストロークで圧縮し、膨張は従来どおり長いストロークで行うようにしたエンジンです。加給装置との併用によって、圧縮空気の温度を下げることによって、ノッキングを減らすことができ、効率を上げることができました。

8-2 可変バルブタイミング

■可変バルブタイミング■

低速用カム　高速用カム

低速　高速

トルク

可変バルブタイミング・リフトエンジン

従来エンジン

切換えポイント　エンジン回転数

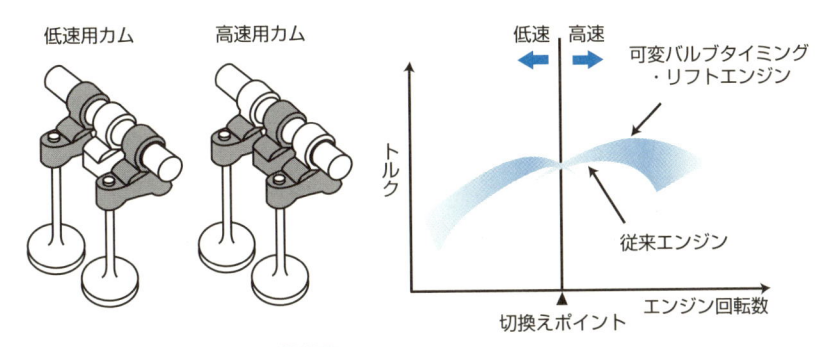

高速・低速でバルブタイミングを変える。

■ミラーサイクルエンジン■

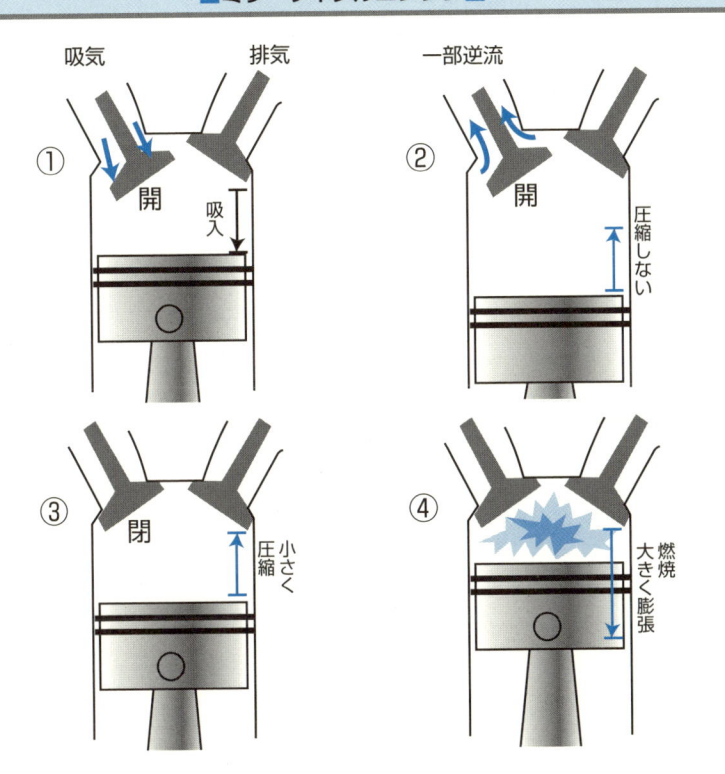

① 吸気 排気　開　吸入

② 一部逆流　開　圧縮しない

③ 閉　小さく圧縮

④ 燃焼　大きく膨張

8　進歩する自動車

8-3 リーンバーンエンジンと直噴システム

エンジンの開発は、速く、力強くを合い言葉に行われてきました。21世紀になって、環境に配慮したエンジンの開発が急務になっています。そこで開発されたエンジンは、これまでのエンジンでは考えられなかった、または無理だと考えられていたシステムを採用しています。

リーンバーンエンジン

空燃比によってエンジンの性能は大きく変化します。理論空燃比（14.6：1）より燃料が多い状態では、空気が不足して不完全燃焼を起こし、一酸化炭素や未燃炭化水素が多く排出されるとともに、燃料の消費量も多くなります。一方、理論空燃比よりも希薄な状態では、燃料が少ないので燃焼速度が遅くなり、燃える量も減るのでトルクが低下します。さらに薄くなると、点火が不確実になって燃焼が不安定となり、滑らかな運転ができなくなることもあります。

この燃料の少ない希薄な混合気での燃焼を目指すのが、リーンバーンエンジンです。シリンダー内に、燃料の濃い部分と薄い部分を作ることによって、燃料の濃い部分に点火して、薄い部分までよく燃焼させます。そのためには、燃焼室の形状の改良、電子制御による燃料噴射システム、NOx用触媒の開発などが必要でした。

直噴エンジン

直噴エンジンは、インジェクターでシリンダー内に直接燃料を噴射させるリーンバーンエンジンの一種です。直噴ガソリンエンジンでは、燃料の量のみでエンジンのパワーをより精密に制御でき、スロットルバルブで空気の量を制限していたぶん、燃料が節約できる将来性のある技術です。

直噴エンジンでは、空燃比を40〜50：1程度にまですることが可能で、

8-3 リーンバーンエンジンと直噴システム

低燃費なエンジンとして多くの自動車に採用されています。リーンバーンエンジンと同じように薄い混合気での完全燃焼を目指すため、やはり燃焼室の形状の改良やNOxに対応した触媒の開発が行われました。ただ、燃料噴射、気化、燃焼を短時間で行わなければならず、燃焼が不安定になりやすい難しい技術という面を持っています。

■リーンバーンエンジン■

インジェクター

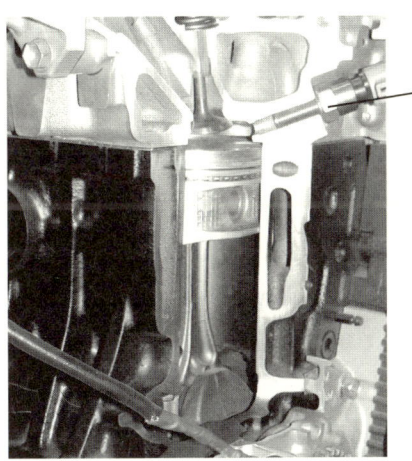

希薄な混合気で効率よい燃焼を行わせるため、燃焼室内に直接燃料を噴射している。空燃費は50：1程度。

■直噴エンジン■

直噴エンジンでは、シリンダヘッドに特殊な凹みが付けられる。インジェクターによって燃料が直接燃焼室に噴射される。

8-4 天然ガス車とLPG車

石油をしのぐ埋蔵量を持つといわれる天然ガスを燃料として使ったのが天然ガス車です。天然ガス車は、国内で2万5千台程度が走っています。さらに、LPG車に至っては、バスやトラック、ゴミ収集車など30万台が活躍しています。

■ 天然ガス車

　天然ガスは石油に代わるエネルギーとして期待されています。組成は、産地や精製過程によって多少の違いがありますが、メタンが90％以上を占め、残りはエタンやプロパンです。貯蔵・運搬は通常、冷却して液化した状態の液化天然ガスとして行われます。

　自動車のような移動用エンジンの燃料として用いる場合、液化天然ガスの状態では高い断熱性を持つタンクが必要になるため、200Kg/cm²程度の圧力で圧縮した圧縮天然ガスの形で使用されます。ただし、この状態では同じエネルギーのガソリンの約4倍の体積となるため、1回の充填当たりの航続距離はどうしても短くならざるを得ません。

　天然ガスは、単位当たり発熱量はガソリンより高いのですが、気体燃料の特徴として空気と混合した時に大きな体積を占めるため、同じ体積の混合気で比較すると発熱量が小さくなります。つまり出力が低いという欠点があります。ただしオクタン価が120～130と高いので、ノッキングが発生しにくく、圧縮比を高くすることも可能です。

　また、薄い空燃比でも燃焼が可能なため、希薄燃焼方式を採用でき、熱効率およびNOx対策で有利と見られています。

　エンジンの構造は、基本的にはガソリンと同じです。燃料供給装置が天然ガスと空気を混ぜる混合器となっています。天然ガスのみを使用する専用方式の他に、ガソリンと切り替えながら使用するバイフューエル方式もあります。

LPG車

　LPG車は、プロパンガスで走る自動車で、エンジンの構造も通常のエンジンとほぼ同じです。異なるのは、液化されているプロパンガスを気体に戻して、キャブレターに送るプロパンレギュレーターがあるところです。

　天然ガス車と同じように、非常にクリーンで燃料も安価です。タクシーによく利用されているため、荷物を積み込む時にガスタンクを見たことがあるかも知れません。2005年の統計によると全世界で約1050万台が普及しています。

■ハイブリッド車用ガスタービンエンジン■

ガスや液体燃料によってガスタービンを回転させ、モーター用の電力を発電するハイブリッドエンジン。

8-5 エタノール車

環境問題は総合的にとらえる必要があります。水素で走る燃料電池車は、排気ガスとして水蒸気しか出さないクリーンな自動車ではあるのですが、この水素を製造するためには現在、非常に大きなコストが必要であり、さらに現在の技術では、製造過程で環境を破壊せざるを得ません。

バイオマスエタノール

　環境に優しい自動車の切り札として期待されている水素燃料電池車には、技術的にはまだまだ多くの問題があります。このような中、エタノール車が注目されています。それはエタノールを植物から作ることができるからです（バイオマスエタノール）。つまり、植物が吸収したCO_2によってできているのがエタノールで、それを燃焼させても吸収したのと同じだけしかCO_2は排出されないのです。実際には、加工段階でコストがかかりますが、水素を製造するのに比べると小さなコストで済みます。

エタノールエンジン

　エタノールエンジンは**FFV**と呼ばれています。ガソリンに無水エタノールを85％混ぜたE85燃料から、ガソリン100％の燃料まで、どの組み合わせでも利用できるエンジンです。エタノール入りのガソリンを使用するには準備が必要です。エタノールはアルミやゴム、プラスチックの一部を劣化させるため、このような材質の部品は、エタノールに対応したものに代えなければなりません。また、エンジンバルブとバルブシールを強化したり、燃料タンクにセンサーを設け、ガソリンとエタノールの割合を感知し、それによって点火タイミングを変える装置も必要になります。

　日本では、2008年からガソリンに3％までのエタノールを混ぜて*使えるように法改正が行われています。

---

*エタノールを混ぜて　植物油とメタノールから作られたバイオディーゼル燃料を軽油と混合してディーゼル車で利用する研究も進んでいる。

DME

　DME（ジメチルエーテル）は、自動車エンジンの燃料として有望視されていました。DMEは、メタンや炭酸ガスなどから製造される燃料で、天然ガスよりも安価です。また、セタン価が60と高く、効率のよいディーゼルサイクル運転が可能です。

　さらに、DMEを燃料とすると、軽油を燃料としたディーゼルエンジンに比べて黒煙の発生が少なく、NOxや窒素酸化物の低減が期待できます。ただ、DME自体は人体に有害なため、特定の用途にしか利用されないだろうと考えられています。

■DME■

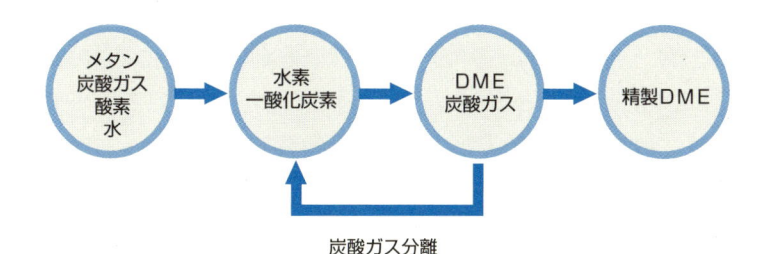

メタン
炭酸ガス
酸素
水
→
水素
一酸化炭素
→
DME
炭酸ガス
→
精製DME

炭酸ガス分離

$CH_4+(CO_2 \cdot O_2 \cdot H_2O) \rightarrow 2H_2+CO$　　　$4H_2+2CO \rightarrow CH_3OCH_3+H_2O(DME)$

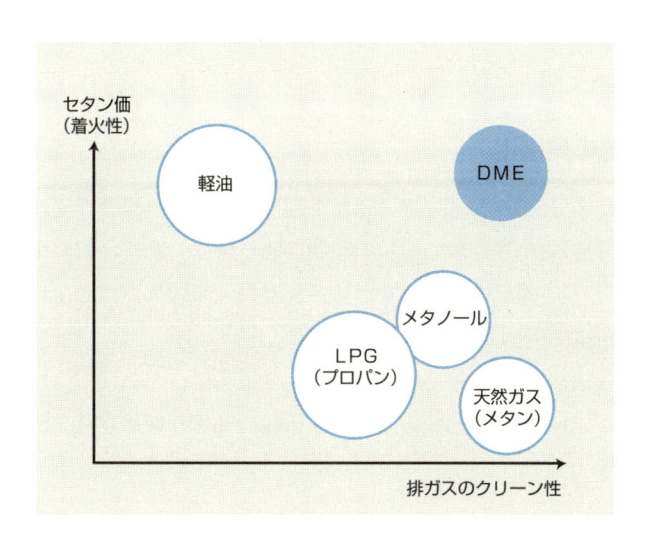

セタン価（着火性）

軽油
DME
メタノール
LPG（プロパン）
天然ガス（メタン）

排ガスのクリーン性

8-6 燃料電池自動車

燃料電池電気自動車＊は、1996年6月、ベンツがコンセプトカーのネカー2に搭載して大きな反響を呼びました。その後、世界中の自動車メーカーが開発を行っています。次世代の自動車の本命と目されている技術の1つで、水素を燃料とするクリーンなエンジンです。

燃料電池の仕組み

燃料電池の原理は1839年にイギリスのグローブ卿により発見され、特許が取得されました。具体的なシステムとして完成したのは、1965年に有人宇宙船ジェミニ5号に搭載されてからです。

燃料電池は、実は電池というよりは発電機に近いものです。電気を水中の電極に流すと、水は水素と酸素になります。燃料電池は、この逆の反応を起こし、電気を取り出すものです。自動車への搭載が検討されているPEM（高分子膜）型燃料電池を使って、燃料電池が電気を生み出す仕組みを見てみましょう。

電解質をしみこませた電解質膜を、水素極と空気極が挟んで1つのセルを構成しています。空気極に空気が送り込まれ、水素極に燃料の水素が送り込まれます。すると、水素は電解質膜の触媒によって電子が引き離され水素イオンになります。水素イオンは、電解質膜を通り抜け、空気極側の酸素と出会い、導線を通ってきた電子を得て、水になります。

燃料電池の実用化

燃料電池が発生する電圧は、1セル当りで1ボルト程度です。実際の燃料電池ではこのセルを何層も重ねる必要があります。また、燃料電池反応は発熱反応なので、運転中は冷却する必要があり、発電の時に発生した熱は室内の冷暖房用に使用することになっています。

高分子膜型燃料電池等では、燃料極と空気極は、ともにガスが通過しやすい多孔質のカーボンに触媒の白金を塗布したものが使用されています。この

＊**燃料電池自動車**　英語ではFuel Cell VehicleといいFCVと略すことがある。

ため、燃料電池は非常に高価になってしまいます。この白金の使用量を減らし価格を下げることが、今後最大の課題となっています。

さらに、燃料の水素をどのようにして生産するか、供給するかが決まっていません。実用までにはまだいくつかのハードルを超えなければなりません。

■燃料電池の仕組み■

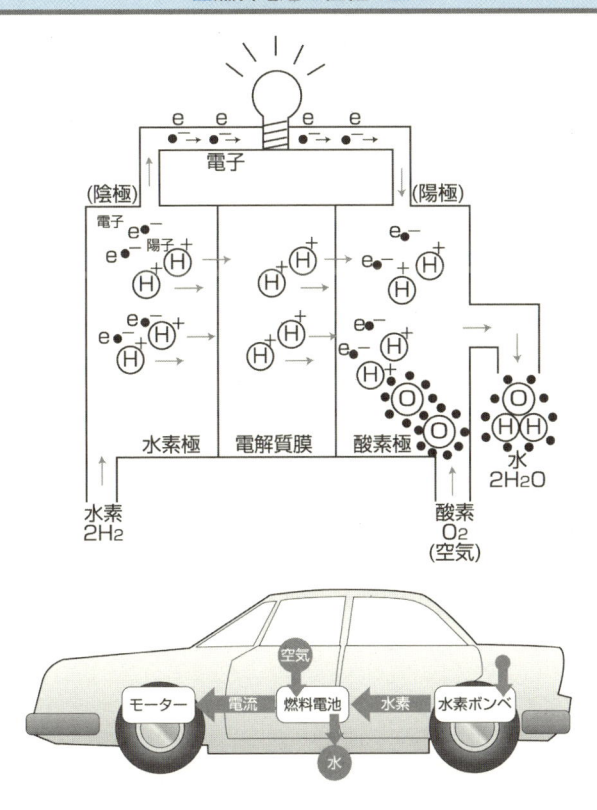

水素極　電解質膜　酸素極

水素 $2H_2$　　　酸素 O_2（空気）　水 $2H_2O$

燃料電池バスは、高圧水素を燃料とした燃料電池と、ニッケル水素電池を動力源としたハイブリッド自動車。

8-7 二次電池

　自動車はヘッドライト、クラクション、カーオーディオ、パワーウィドウなど多くの電装品を備えていて、これらの電源を供給するのがバッテリーです。一般的に自動車のバッテリーには、鉛蓄電池が使用されます。

　モーターを動力とするハイブリッド車や電気自動車では、バッテリーとは別に大きな出力にかなう電池が必要です。これらの電池も二次電池＊として充電して電力を回復します。

■ 自動車用二次電池

　ガソリン車やディーゼル車にも搭載されている二次電池は、車内の電装品用に電気を供給する働きをしているバッテリーで、鉛蓄電池が使われます。鉛蓄電池では、一対の極（セル）あたりの起電力は2V程度なので、バッテリーでは、これを6つ直列にして12Vを得ています。しかし、この程度では電気自動車などのモーターを駆動するのには使えません。

■ ニッケル水素電池

　ニッケル水素電池は、正極に水酸化ニッケルを負極に水素吸蔵合金を用いた二次電池で、電解液には水酸化カリウム水溶液が用いられます。単一、単二、単三、単四乾電池などと同じ規格の充電式の乾電池は、ほとんどがこのタイプです。ハイブリッドカーにも使用されてきましたが、次世代型ではリチウムイオン電池に置き換わっています。

■ リチウムイオン電池

　現在、最も販売額の多いのが、リチウムイオン電池です。その用途は、ノートパソコンや電動アシスト自転車からハイブリッド車まであります。

　リチウムイオン電池では、正極にリチウム化合物＊を使っています。リチウム塩溶液を電解質として回路を閉じると、電解質中のリチウムイオンが正極に移動します。このとき、手放した電子は負極から導線を移動して正極に

＊二次電池　　　充電によって電圧が回復する電池の総称。一次電池には一般的な乾電池が含まれる。
＊リチウム化合物　現在主流となっているリチウムイオン電池では、コバルト酸リチウム（$LiCoO_2$）が使われる。

流れます。このようにして回路に電流が生じます。また、正負両極に電圧をかけると、正極のリチウムイオンは負極に戻ります。このようにすると電池は充電されます。リチウムイオン電池は、それまでの二次電池にはないほど高エネルギー密度を達成しました。また、軽量、コンパクトにできたので、ハイブリッド車や電気自動車の二次電池として期待されているのです。

三菱自動車のMiEVのリチウムイオン電池では、3.75Vのセル4組を1モジュールとし、これを直列に22個つなげることで330Vを生み出します。MiEVは、4人乗りの軽自動車ですが、最高速度100km/hを上回ります。

ただし、本格的な電池自動車の登場には、理論限界から考えてリチウムイオン電池でも不足です。新しい二次電池の開発がスタートしています。

■電極間の電位差と電極反応■

電位(V)	電極反応					
-3.05	Li^+	$+ e^-$	→	Li		
-2.9	$6C$	$+ xLi^+$	$+ xe^-$	→	C_6Li_x	
-0.83	$2H_2O$	$+ 2e^-$	→	$2OH^-$	$+ H_2$	
-0.36	$PbSO_4$	$+ 2e^-$	→	Pb		
0	$2H^+$	$+ 2e^-$	→	H_2		
0.48	$NiOOH$	$+ H_2O$	$+ e^-$	→	$Ni(OH)_2$	$+ OH^-$
0.9	$Li_{1-x}CoO_2$	$+ xLi^+$	$+ xe^-$	→	$LiCoO_2$	
1.0	$Li_{1-x}Mn_2O_4$	$+ xLi^+$	$+ xe^-$	→	$LiMn_2O_4$	
1.69	PbO_2	$+ 2e^-$	→	$PbSO_4$		

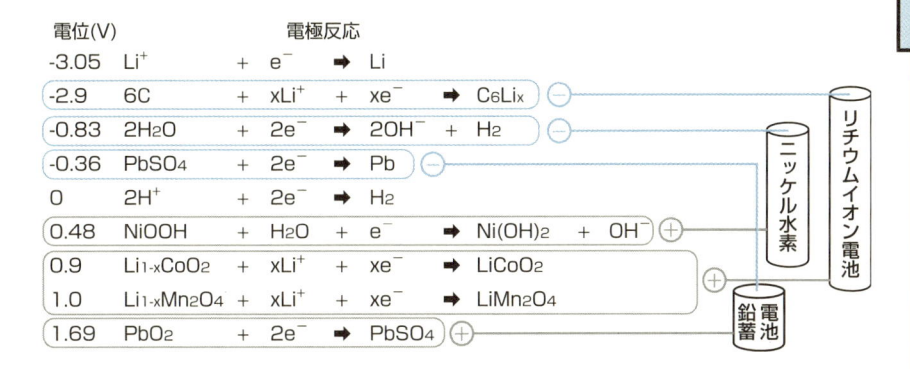

■リチウムイオン電池■

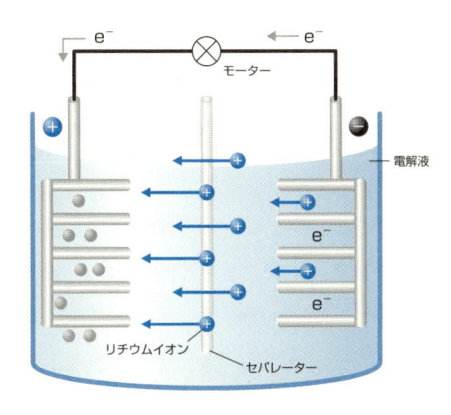

8-8 電気自動車

　電気自動車＊は、21世紀になってからの原油価格の高騰や温暖化防止の観点から、その実用が本格化しました。二次電池やモーターの開発、高速充電設備の拡充など、急速に環境整備が整いつつあります。
　2009年には、家庭用コンセントを使って＊一晩で1日分の走行距離分を充電できる電気自動車が一般に販売されます。電気自動車の時代の幕開けとなるのでしょうか。

電気自動車の歴史

　電気で自走する車として、電気自動車ととらえた場合、燃料電池車やハイブリッド車も含むカテゴリ分けがありますが、本書では内燃機関に石油やバイオ燃料から精製した燃料を使う動力源によって自走する車に対し、環境や省エネルギーの観点から新時代の自動車として本命視される二次電池を使用した自動車をこう呼ぶことにします。トローリーバスや太陽電池で走行するソーラーカーは含みません。

　さて、身近に既にある電気自動車としては、遊園地の遊具やゴルフカート、フォークリフト、シニアカーなどがあります。しかし、どれも最高速度や一度の充電で続けて走れる距離において、これまでの自動車にとって代わるものではありませんでした。

　実用的な電気自動車の開発が始まったのは、最近のことではありません。なんと、1873年にはイギリス人のロバート・ダビットソンの手によって世界初の電気自動車の実用者が誕生しています。さらに、発明王の トマス・エジソンも電気自動車をつくりました。連続走行距離はなんと160kmを達成していました。しかし、今に至るまで電気自動車が普及しなかったのは、ガソリン車やディーゼル車に比べて、航続距離が短い、車両価格が高い、電池の寿命が短い、重くてかさばるといった理由からでした。

＊電気自動車　　　　英語では、Battery Electric Vehicleの意味で、BEVと略されることがある。
＊コンセントを使って　外部電源によって充電できるタイプは、プラグイン電気自動車と呼ばれる。
＊ZEV法　　　　　　Zero Emission Vehicle法。カリフォルニア州の大気資源局によって制定された。

電気自動車の再登場

排気ガスによる大気汚染に苦しんでいたカリフォルニア州は、1,990年にZEV法*を成立させました。これによって自動車メーカーは、1998年型の自動車販売量の2％を、さらに2003年型車からは10％を電気自動車または燃料電池車にしなければならなくなりました。自動車メーカーは、こぞって電気自動車の開発に着手しましたが、当時のニッケル水素電池では、やはりガソリン車やディーゼル車との差を埋めることはできませんでした。

このような中、実情に合わせるようにして、ハイブリッド車や燃料電池車をある割合で電気自動車とみなすというようにZEV法の方が変更されました。そのため、実用段階にあったハイブリッド車が売り上げを伸ばすことになりまりましたが、反面、一般車としての電気自動車は忘れられていきました。

2005年ごろになって開発された高性能なリチウムイオン電池が、電気自動車の再登場を促すことになりました。同時期、原油価格の高騰や環境への配慮といったことが問題視されるようになり、電気自動車登場の舞台は整いつつあります。

現在、世界中の自動車メーカーに限らず、モーターメーカーや電力会社、ベンチャー企業までもが、この分野での主導権を獲得すべく激しい開発競争を繰り広げています。

■三菱自動車　iMiEV■

■日本の電気自動車
三菱自動車では2009年に、同社の人気のRRタイプの軽自動車「iシリーズ」をベースにした電気自動車（iMiEV）を販売します。この電気自動車は、バッテリ本体、インバータ、モーターといった構成です。充電には、100Vの家庭用電源を用いることもできます。もう1つ、富士重工業が開発しているのが、やはり軽自動車をベースとした電気自動車です。こちらも軽自動車をベースにしていますがFF方式になります。モーターや電池などの基本的な構成はiMiEVと変わりません。

8-9 高度道路交通システム

ここでは道路交通システムについて解説します。カーナビに付けられているVICSや高速道路の出入り口のETCなど、すでに活用が始まっている高度道路交通システム（ITS）は、誰もが使いやすく快適な交通にする技術です。IT化された自動車では、様々な情報を活用できます。

■ITSの現状

ITS*は、IT技術を活用して、人と道路と車をネットワークした交通システムです。ITSによって、交通事故や渋滞などの道路交通問題の解決を図ろうとしています。国土交通省では、ITSの分野として、ナビゲーションシステムの高度化や安全運転の支援など9種類が想定されています。

ITSの開発は9つの各分野で展開が想定されています。国土交通省の想定によると、すでに各種利用者サービスは開始され、2010年頃までにはITSのさらなる高度化と社会制度の整備が進められます。

■ナビゲーションシステムの高度化

自動車に搭載されたナビゲーションシステムを情報端末として、VICS*を使った渋滞情報や工事、交通規制などの情報を得ることができます。

■自動料金収受システム

有料道路の料金所で料金を支払うときに、車に乗せた車載機と料金所に設置されたアンテナが自動で通信を行って通行料金を払うシステム。ETC*として普及が図られています。料金所での渋滞を緩和することも期待されます。

■安全運転の支援

走行環境状況を提供したり、危険警告を発したりして運転の支援を行うシステム。運転の自動化も想定されています。

＊**ITS** 　Intelligent Transport Systemsの略。
＊**VICS** 　Vehicle Information and Communication Systemの略。

■交通管理の最適化

おもに交通管理者向けに交通量を最適化するための情報を提供するシステム。例えば、交通量に合わせて自動的に青信号の時間を調整して渋滞を緩和することができます。

また、交通事故の発生を瞬時に把握し、交通規制を行うことも想定されています。

■道路管理の効率化

おもに道路管理者向けのサービスで、道路の状態を監視して、異常が発生した場合に素早く対処できるようにするシステム。

火事や地震などの災害に対処する特種車両の通行許可を迅速に行うことなどが想定されています。

■ITSの要素■

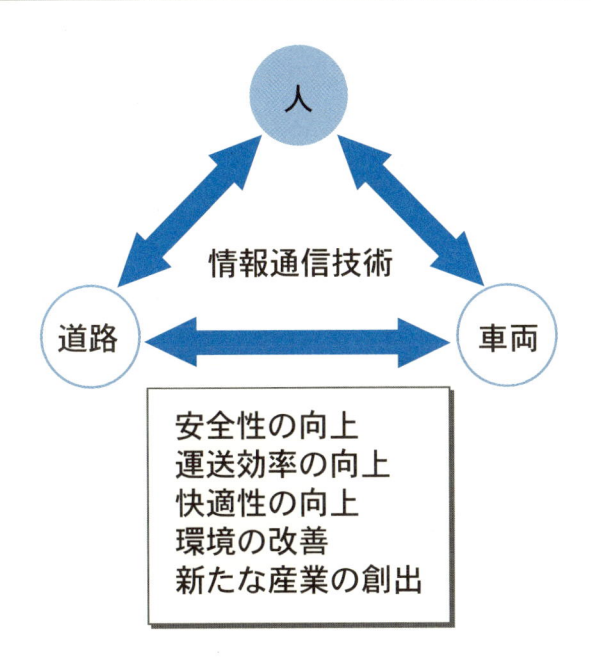

人

情報通信技術

道路 ⇔ 車両

安全性の向上
運送効率の向上
快適性の向上
環境の改善
新たな産業の創出

＊**ETC** Electronic Toll Collectionの略。

■公共交通の支援

バスなどの公共交通機関向けのサービス。公共交通機関が、渋滞などで到着時間が遅れることのないよう、信号の制御によって優先されることを想定しています。また、パソコンや携帯電話を利用して、誰もが簡単に公共交通機関の状況を知ることができるようにします。

■商用車の効率化

荷物や人を無駄なく運ぶため、トラックやバスの運転手向けに行うサービス。将来はトラックやバスが隊列を組んで走行できるようにすることが想定されています。

■歩行者等の支援

視覚障害の人たちが安心して道を歩行できるようにするシステム。携帯端末によって経路情報を得ることもできます。

■救急車両の運行支援

救急車や消防車などが渋滞に巻き込まれずに事故現場に素早く到着できるようにするためのシステム。

■公共交通機関への応用■

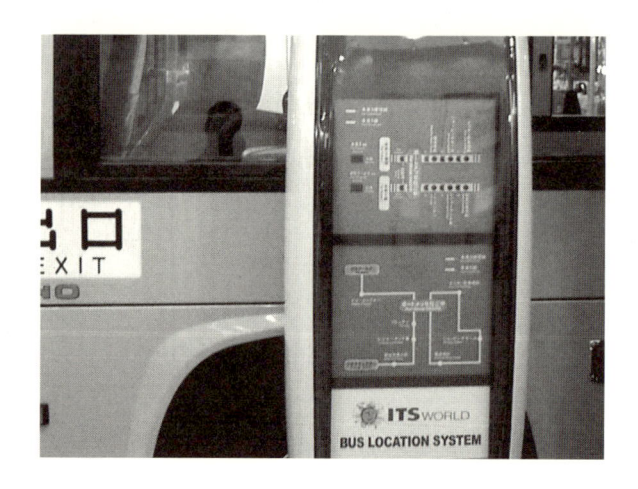

バスの接近状況や到着予定時刻などを表示する。携帯端末からバスの現在地や待ち時間などを知ることもできる。

最新のITS

　自動車の高機能化は、一部の自動車ですでに商品化されています。後方をモニターに映し出して後退を支援するバックガイドモニター。車庫入れや縦列駐車を支援するインテリジェントパーキングアシストシステム。想定速度内で一定の車間距離を保って追従走行することのできるクルーズコントロールシステム。レーダーを使って前車との距離を判断して、自動的にブレーキをかけたり、安全装備を早期に作動させるシステム。夜間走行時の運転手の視覚をサポートするナイトビューシステムなどがそれです。

■IMTS

　新交通システムとしては、**IMTS**＊が期待されています。IMTSは、すでに一部の地域でも導入されている新交通システムで、愛・地球博でも場内で運行されていました。

　IMTSでは、道路などに埋め込まれた磁気マーカーをセンサーが感知することで、専用道路上を無人走行できます。また、数台で隊列走行することも可能です。IMTSのメリットは、このような鉄道的な走行と、従来のバス路線での走行を柔軟に使い分けられるところにあります。

■IMTS■

次世代の交通システムとして注目されるIMTS。無人で走行できる区間では、隊列運転も可能。

＊**IMTS**　Intelligent Multimode Transit Systemの略。

8-10 安全運転支援システム

自動車や交通システムのIT化は、運転者や歩行者に安全な交通環境を提供するのにも役立ちます。前述のナイトビューシステムや追突を察知して自動的に対処するシステムなどがそれです。自動車と道路、自動車と自動車がネットワークでつながることで、より安全な道路交通が実現されます。

AHS

走行支援道路システム（AHS*）は、センサーなどで収集した道路上の情報を使って、事故防止を行うためのシステムです。

AHSでは、自動車が自身で認知した情報だけではなく、ITSによって道路やほかの自動車から送られてくる情報をリアルタイムに受け取ることで、運転者は危険の接近を知ることができます。さらに、この情報を元にして、警告を発したり、決められた操作を自動的に行ったりできます。

ASV

先進安全自動車（ASV*）の研究が急速に進んでいます。ASVは、ITSの自動車側の技術で、おもに自動車メーカーが開発を担当しています。

具体的な装備としては、前述のクルーズコントロールや、ナイトビュー機能なども含まれます。このようにカメラやレーダーなどのセンサーを使って集められた情報をコンピュータで判断して、運転手の認知、判断、操作のミスを軽減することを目指したシステムです。

ホンダのASVは、自動車のほかに二輪車を扱っているメーカーの強みを活用し、自動車と二輪車の相互通信によるコミュニケーション技術を使って衝突などを防ぐシステムを研究しています。このシステムでは、自動車と二輪車のそれぞれに装備された通信システムを使って、それぞれの車両の種類や位置、速度、方位などを交換し、状況に合わせて警告を発し、事故を予防するシステムです。

---

*AHS　　Advanced cruise-assist Highway Systemの略。
*ASV　　Advanced Safety Vehileの略。

ASV

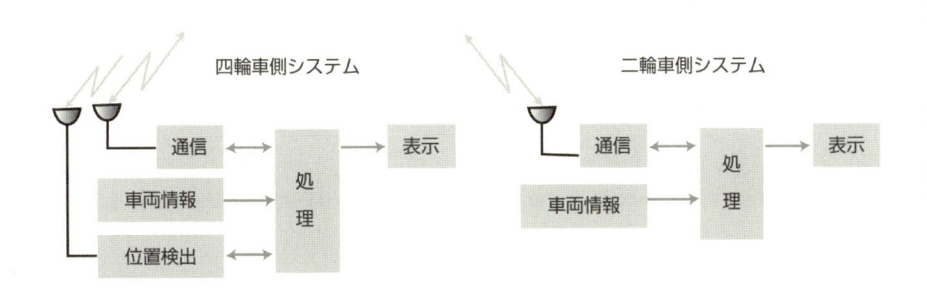

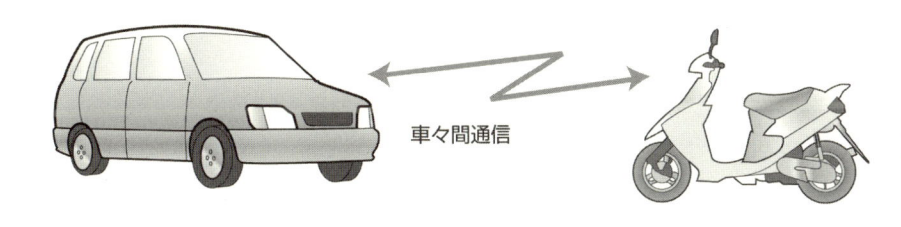

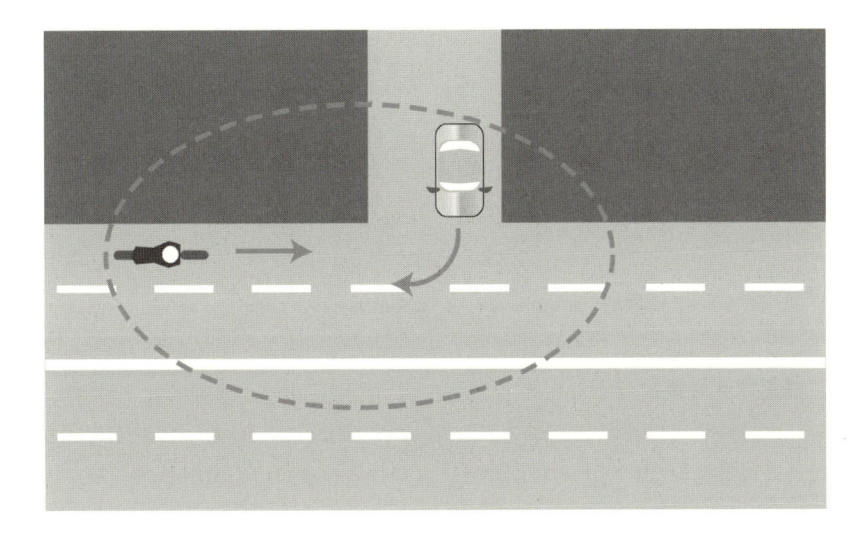

四輪車側システム
- 通信 ↔ 処理 → 表示
- 車両情報 → 処理
- 位置検出 ↔ 処理

二輪車側システム
- 通信 ↔ 処理 → 表示
- 車両情報 → 処理

車々間通信

AVS対応の自動車やバイクは、互いに通信し合うため、未然に相手がどのように走行するかを予想して、通知できる。

8 進歩する自動車

8-11 自動車のリサイクル

日本国内では年間約400万台もの自動車が廃車になります。これら廃車1台当たり80％はリサイクルされていますが、このままでは処分場や処理費用の面で行き詰まります。そこで、2005年1月に、自動車リサイクル法がスタートしました。

自動車リサイクル法

　自動車リサイクル法とは、廃車から出る有用な資源をリサイクルし、リサイクルできないものは環境に配慮して回収、処理することを、自動車メーカーや輸入業者に義務付けたものです。

　自動車リサイクル法は、廃棄物処理法に準拠しているため、引取業者、フロン類回収業者、解体業者、破砕業者の役割を明確化して、都道府県知事および保険所設置市長による登録許可を必要とします。

　また、自動車の所有者は、リサイクル料金を負担しなければなりません。この料金は新車の購入時に支払います。

■リサイクルする品目

　自動車メーカーや輸入業者が引き取って処理しなければならないのは、シュレッダーダスト、エアバッグ類、フロン類の3品目です。

　シュレッダーダストは、車体の解体、破砕後に出るリサイクルできない廃棄物で、おもに繊維や樹脂などの非金属部分です。

■関係する業者

　関係業者に使用済自動車（ELV＊）の引き取りと引き渡しの実務を行うように義務付けました。それに伴って、未登録、未許可の事業者がELVを扱うことを違法として、厳しい罰則を設けています。

　関係業者の引き取り、引き渡しの状態を管理するための電子マニフェスト制度を導入しました。

＊**ELV**　End of Life Vehicleの略。

8-11 自動車のリサイクル

これは、インターネットを使用した移動報告を義務付けたもので、関係業者と自動車リサイクル促進センターとの密な連絡を可能としています。

■自動車リサイクル■

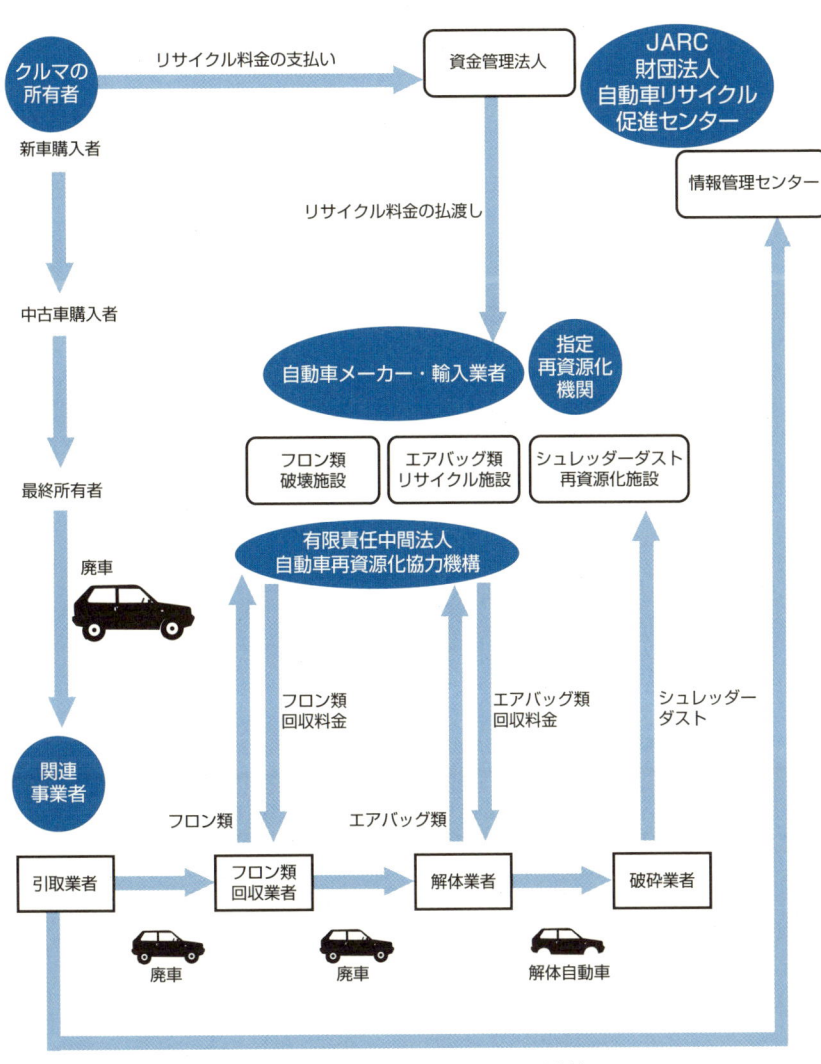

- クルマの所有者 →(リサイクル料金の支払い)→ 資金管理法人
- 新車購入者 → 中古車購入者 → 最終所有者 → 廃車 → 関連事業者
- JARC 財団法人 自動車リサイクル促進センター
- 情報管理センター
- 資金管理法人 →(リサイクル料金の払渡し)→ 自動車メーカー・輸入業者／指定再資源化機関
- フロン類破壊施設／エアバッグ類リサイクル施設／シュレッダーダスト再資源化施設
- 有限責任中間法人 自動車再資源化協力機構
- フロン類回収料金／エアバッグ類回収料金／シュレッダーダスト
- フロン類／エアバッグ類
- 引取業者 → フロン類回収業者 → 解体業者 → 破砕業者
- 廃車／廃車／解体自動車
- 引取報告　引渡報告　電子マニフェスト制度

フロンの回収

　地球温暖化の原因となる物質を自動車の構成部品に使用しないための取り組みが活発化してきました。以前からオゾン層の破壊問題になっているフロンガスに関しては、以前使用されていたクーラー用の冷媒である特定フロンCFC12に変わって、HFC134aという冷媒が使用されるようになりました。しかし、HFC134aが地球温暖化の原因となる温室ガス効果があることから、更に環境に優しい冷媒を使用することが求められています。

　また、リサイクル業者には上記2種の冷媒を回収する設備を備えることが義務付けられています。

鉛の制限

　有害物質として環境汚染が心配される鉛は、バッテリーや電気製品に使用されていましたが、現在では使用が制限されつつあります。

　ラジエーターやヒーターコア、ワイヤーハーネス被覆、バッテリーケーブルの端子などからの鉛の使用を減らしていく取り組みがメーカーによって行われています。

Appendix 1

付録

・環境への負荷が少ない自動車

環境への負荷が少ない自動車
APPENDIX

　グリーン購入法[*1]（国等による環境物品等の調達の推進に関する法律）の判断基準をもとに、環境に配慮されている国産車の一覧です。

■いすゞ自動車

車　名	エンジン総排気量	10・15モード燃焼(km/l)	排出ガス規制等への適合	注記事項[*2]
エルガ（大型路線バス）	7790		低公害車	天然ガス自動車
エルガミオ（中型路線バス）	7790		低公害車	天然ガス自動車
エルフCNG-MPI	4570		低公害車	天然ガス自動車
エルフディーゼルハイブリッド	2999		低公害車	ハイブリッド自動車
フォワードCNG－MPI	7790		低公害車	天然ガス自動車

■オートイーブイジャパン

車　名	エンジン総排気量	10・15モード燃焼(km/l)	排出ガス規制等への適合	注記事項
ジラソーレ GIRASOLE	―		低公害車	電気自動車

■スズキ

車　名	エンジン総排気量	10・15モード燃焼(km/l)	排出ガス規制等への適合	注記事項
Kei	658	19.8～22.5	★★★	CBA-HN22S
MRワゴン	658	18.8～21	★★★★	DBA-MF22S
SX4	1490	16.4	★★★★	DBA-YA11S
SX4セダン	1490	16.4	★★★★	DBA-YC11S
アルト	658	19～24	★★★～★★★★★★	GBD-HA24V
アルトラパン	658	19.8	★★★	CBA-HE21S
エスクード	2393	10.6～11	★★★	CBA-TDA4W
エブリイ	658	15.2～16	★★★	GBD-DA64V
スイフト	1242～1490	16～20.5	★★★★	DBA-ZD11S
セルボ	658	18.4～23	★★★～★★★★	CBA-HG21S
ソリオ	1328	18	★★★★	DBA-MA34S
パレット	658	18～20	★★★～★★★★	CBA-MK21S
ランディ	1997	12～13.2	★★★★	DBA-SNC25

車　名	エンジン総排気量	10・15モード燃焼(km/l)	排出ガス規制等への適合	注記事項
ワゴンR	658	18.2～23.5	★★★～★★★★	CBA-MH22S
ワゴンRスティングレー	658	18.2～23	★★★～★★★★	CBA-MH22S

■ ダイハツ

車　名	エンジン総排気量	10・15モード燃焼(km/l)	排出ガス規制等への適合	注記事項
BOON	996～1297	18～21	★★★★	DBA-M301S
COO	1297～1495	16～16.4	★★★★	DBA-M402S
エッセ	659	21～25	★★★～★★★★	CBA-L245S
エッセ カスタム	659	25	★★★★	DBA-L235S
ソニカ	658	21～23	★★★	CBA-L415S
タント	658	20.5	★★★★	DBA-L375S
タントカスタム	658	20.5	★★★★	DBA-L375S
ハイゼットカーゴCNG（2WD）	659	低公害車		天然ガス自動車
ハイゼットカーゴスペシャルクリーン	659	15～15.4	★★★	GBD-S330V
ハイゼットカーゴハイブリッド	659	20	★★★★	ハイブリッド自動車
ミラ	658	24.5～27	★★★★	DBA-L285S
ミラ バン	658	26	★★★	GBD-L275V
ミラ カスタム	658	25.5	★★★★	DBA-L285S
ミラジーノ	659	20.5	★★★★	DBA-L650S
ミラバンCNG（2WD）	658	低公害車		天然ガス自動車
ムーヴ	658	22～23.5	★★★★	DBA-L185S
ムーヴ カスタム	658	22～23	★★★★	DBA-L185S
ムーヴ コンテ	658	22～23	★★★★	DBA-L585S
ムーヴ コンテ カスタム	658	22～23	★★★★	DBA-L585S
ムーヴ ラテ	659	19.4	★★★★	DBA-L550S

■ トヨタ自動車

車　名	エンジン総排気量	10・15モード燃焼(km/l)	排出ガス規制等への適合	注記事項
bB	1297～1495	16～16.4	★★★★	DBA-QNC21
GS450h	3456	14.2	★★★★	ハイブリッド自動車
IS250	2499	10.8～11.8	★★★★	DBA-GSE25
LS600h	4968	12.2	★★★★	ハイブリッド自動車
LS600hL	4968	12.2	★★★★	ハイブリッド自動車

車 名	エンジン総排気量	10・15モード燃焼(km/l)	排出ガス規制等への適合	注記事項
RAV4	2362	12.6〜13.4	★★★★	DBA-ACA31W
アイシス	1794〜1998	12.6〜14.4	★★★★	DBA-ANM15G/ANM15W
アベンシスセダン	1998	13	★★★	CBA-AZT250
アベンシスワゴン	1998	13	★★★	CBA-AZT250W
アルファード/ヴェルファイア	2362〜3456	9.5〜11.4	★★★★	DBA-ANH25W
イスト	1496	16.6〜18	★★★★	DBA-NCP115
イプサム	2362	11〜11.4	★★★★	DBA-ACM26W
ヴァンガード	2362	12.6	★★★★	DBA-ACA33W
ウィッシュ	1794〜1998	13.2〜14.4	★★★★	DBA-ANE11W
ヴィッツ	996〜1496	17.6〜24.5	★★★★	DBA-NCP91
エスティマ	2362〜3456	9.8〜11.4	★★★★	DBA-ACR55W
エスティマハイブリッド	2362	20	★★★★	ハイブリッド自動車
オーリス	1496〜1797	14.4〜17.6	★★★★	DBA-ZRE154H
カムリ	2362	10.6〜11	★★★★	DBA-ACV45
カローラ ルミオン	1496〜1797	14.4〜16.2	★★★★	DBA-ZRE154N
カローラアクシオ	1496〜1797	14.4〜18.2	★★★★	DBA-ZRE144
カローラフィールダー	1496〜1797	14.4〜18	★★★★	DBA-ZRE144G
クラウン ハイブリッド	3456	15.8	★★★★	ハイブリッド自動車
クラウン ロイヤルサルーン	2499	11.4	★★★★	DBA-GRS201
クラウン ロイヤルサルーン/アスリート	2499	11.4〜12	★★★★	DBA-GRS201
クラウンセダン(マイルドハイブリッド)	1988	13	★★★	ハイブリッド自動車
クラウンロイヤル	2994	11〜11.8	★★★★	DBA-GRS203
サクシードワゴン	1496	16.4	★★★	CBA-NCP58G
シエンタ	1496	18.6	★★★★	DBA-NCP81G
センチュリー	4996	7.8	★★★★	DBA-GZG50
ノア/ヴォクシー	1986	12.6〜14.2	★★★★	DBA-ZRR75W/75G
ハイエースワゴン	2693	8.2〜9.1	★★★	CBA-TRH219W/229W
ハイラックスサーフ	2693	8.9	★★★	CBA-TRN215W
パッソ	996〜1297	18〜21.5	★★★★	DBA-QNC10
ハリアー	2362〜3456	9〜11	★★★〜★★★★	CBA-ACU35W
ハリアー ハイブリッド	3310	17.8	★★★★	ハイブリッド自動車
プリウス	1496	35.5	★★★★	ハイブリッド自動車
ブレイド	2362	13.4	★★★★	DBA-AZE156H

車名	エンジン総排気量	10・15モード燃焼(km/l)	排出ガス規制等への適合	注記事項
プレミオ／アリオン	1496～1986	14.4～18	★★★★	CBA-ZRT265
プロボックス	1298～1496	16～17.4	★★★	CBE-NCP50V
プロボックス／サクシード	1496	13.8～17	★★★	CBE-NCP55V
ベルタ	996～1298	16～22	★★★～★★★★	CBA-NCP96
ポルテ	1298～1496	16～16.4	★★★	CBA-NNP11
マークX	2499～2994	11～12	★★★★	DBA-GRX125
マークX ジオ	2362	12～12.8	★★★★	DBA-ANA15
ラウム	1496	16.2	★★★	CBA-NCZ20
ラクティス	1296～1496	18～18.4	★★★★	DBA-NCP100
ランドクルーザー	4663	6.6	★★★	CBA-UZJ200W
ランドクルーザープラド	3955	7.8	★★★	CBA-GRJ120W/GRJ121W

■日産自動車

車名	エンジン総排気量	10・15モード燃焼(km/l)	排出ガス規制等への適合	注記事項
AD DX	1240～1769	13～16.6	★★★～★★★★	CBE-VHNY11
ADエキスパート DX	1498	16.2	★★★★	DBF-VY12
X-TRAIL 20S	1997	13～14	★★★★	DBA-NT31
X-TRAIL 20X	1997	12.4～13.2	★★★★	DBA-NT31
X-TRAIL 25S	2488	11.6	★★★	CBA-TNT31
ウイングロード 15RS	1498	16.6	★★★★	DBA-Y12
ウイングロード 15RS FOUR	1498	14.6	★★★★	DBA-NY12
ウイングロード 15RX	1498	19.2	★★★★	DBA-Y12
ウイングロード 18RX	1797	16.2	★★★★	DBA-JY12
エルグランド V	2495	8.4～8.9	★★★	CBA-MNE51
エルグランド ハイウェイスター	2495	8.6	★★★	CBA-ME51
オッティ S	657	21.5	★★★★	DBA-H92W
オッティ S FOUR	657	19.8	★★★★	DBA-H92W
キューブ 14S	1386	16.4	★★★★	DBA-BZ11
キューブ 14S FOUR	1386	16	★★★★	DBA-BNZ11
キューブ 15M	1498	19.4	★★★★	DBA-YZ11
キューブ キュービック 14S	1386	16	★★★★	DBA-BGZ11
キューブ キュービック 15M	1498	19.2	★★★★	DBA-YGZ11
キューブ キュービック 15S FOUR	1498	14.6	★★★★	DBA-YGNZ11

付録 環境への負荷が少ない自動車

車名	エンジン総排気量	10・15モード燃焼(km/l)	排出ガス規制等への適合	注記事項
クリッパー バン ハイルーフ GL	657	15.8	★★★	GBD-U71V
クリッパー バン ハイルーフ SD	657	15.2〜15.8	★★★	GBD-U72V
クリッパー バン 標準ルーフ SD	657	16.4	★★★	GBD-U72V
シビリアン 幼児車	4478	低公害車		天然ガス自動車
セレナ 20S	1997	12〜13.2	★★★★	DBA-NC25
セレナ ハイウェイスター	1997	12〜13.2	★★★★	DBA-CNC25
ティアナ 250XE FOUR	2488	11	★★★	CBA-TNJ32
ティアナ 250XL	2495	11.4	★★★	CBA-J32
ティーダ 15M	1498	19.4	★★★★	DBA-C11
ティーダ 15M FOUR	1498	14.8	★★★★	DBA-NC11
ティーダ 15S	1498	16.8	★★★★	DBA-C11
ティーダ 15S FOUR	1498	16	★★★★	DBA-NC11
ティーダ 18G	1797	16.4	★★★★	DBA-JC11
ティーダ ラティオ 15B	1498	16.8	★★★★	DBA-SC11
ティーダ ラティオ 15M	1498	19.4	★★★★	DBA-SC11
ティーダ ラティオ 15S FOUR	1498	16	★★★★	DBA-SNC11
ティーダ ラティオ 18G	1797	16.4	★★★★	CBA-SJC11
デュアリス 20S	1997	14.2	★★★★	DBA-KJ10
デュアリス 20S FOUR	1997	13.8	★★★★	DBA-KNJ10
ノート 15S	1498	19.4	★★★★	DBA-E11
ノート 15S FOUR	1498	16	★★★★	DBA-NE11
ピノ E 4AT	685	21.5	★★★★	DBA-HC24S
ピノ E FOUR 4AT	685	19.8	★★★★	DBA-HC24S
ピノ S 3AT	685	21	★★★★	DBA-HC24S
ピノ S 5MT	685	24	★★★★	DBA-HC24S
ピノ S FOUR 3AT	685	19.4	★★★	CBA-HC24S
ピノ S FOUR 5MT	685	22	★★★★	DBA-HC24S
フーガ 250GT	2495	11.2	★★★★	DBA-Y50
ブルーバード シルフィ 15M-FOUR	1498	14.8〜16	★★★★	DBA-NG11
ブルーバード シルフィ 15S	1498	16.6	★★★★	DBA-G11
ブルーバード シルフィ 20S	1997	16	★★★★	DBA-KG11
プレサージュ 250XG	2488	10.2〜11	★★★★	DBA-TNU31
プレサージュ X	3498	9.1	★★★	CBA-PU31

車 名	エンジン総排気量	10・15モード燃焼(km/l)	排出ガス規制等への適合	注記事項
マーチ 12B	1240	19	★★★★	DBA-AK12
マーチ 12S	1240	21	★★★★	DBA-AK12
マーチ 14S FOUR	1386	16.8	★★★★	DBA-BNK12
マーチ 15S	1498	19.8	★★★★	DBA-YK12
ムラーノ 250XL FOUR	2488	11.4	★★★	CBA-TNZ51
ムラーノ 250XV FOUR	2488	11	★★★	CBA-TNZ51
ムラーノ 350XL FOUR	3498	9.3	★★★	CBA-PNZ51
モコ（E）（S）	658	21	★★★★	DBA-MG22S
モコ（G FOUR）	658	18.2	★★★	CBA-MG22S
モコ（G）	658	18.8	★★★	CBA-MG22S
モコ（S FOUR）(E FOUR)	658	18.8	★★★	DBA-MG22S
ラフェスタ 20S	1997	13.8〜15	★★★★	DBA-NB30
ラフェスタ PLAYFUL	1997	13.2	★★★★	DBA-NB30

■日野自動車

車 名	エンジン総排気量	10・15モード燃焼(km/l)	排出ガス規制等への適合	注記事項
日野セレガ ハイブリッド	8866		低公害車	ハイブリッド自動車
日野デュトロ ハイブリッド ワイドキャブ ロング	4009		低公害車	ハイブリッド自動車
日野デュトロ ハイブリッド ワイドキャブ 超ロング	4009		低公害車	ハイブリッド自動車
日野デュトロ ハイブリッド 塵芥車	4009		低公害車	ハイブリッド自動車
日野デュトロ ハイブリッド 標準キャブ セミロング	4009		低公害車	ハイブリッド自動車
日野デュトロ ハイブリッド 標準キャブ ロング	4009		低公害車	ハイブリッド自動車
日野デュトロ ハイブリッド 標準キャブ 標準長	4009		低公害車	ハイブリッド自動車
日野ブルーリボンシティ ハイブリッド	7684		低公害車	ハイブリッド自動車
日野レンジャー CNG カーゴ	—		低公害車	天然ガス自動車
日野レンジャー CNG 特装	—		低公害車	天然ガス自動車
日野レンジャー ハイブリッド	4728		低公害車	ハイブリッド自動車

富士重工業（スバル）				
車　名	エンジン総排気量	10・15モード燃焼(km/l)	排出ガス規制等への適合	注記事項
R1（R）	658	22.5～24.5	★★★★	DBA-RJ2
R2（F、F+）	658	20.5～22	★★★★	DBA-RC2
R2（R）	658	22.5～24.5	★★★★	DBA-RC2
R2（Refi、F、F+）	658	21.5～23	★★★★	DBA-RC2
インプレッサ（15S）	1498	14.8～17.6	★★★★	DBA-GH3
インプレッサ（20S）	1994	14	★★★★	DBA-GH7
インプレッサ（S-GT）	1994	13	★★★	CBA-GH8
エクシーガ（2.0GT）	1994	12	★★★	CBA-YA5
エクシーガ(2.0i、2.0i-L、2.0i-S)	1994	13～14	★★★★	DBA-YA5
エクシーガ（2.0i-L、2.0i-S）	1994	13.2	★★★★	DBA-YA4
サンバー トラック(TBクリーン)	658	15.8～17.2	★★★	GBD-TT2
サンバー バン(VBクリーン)	658	15.4～16.8	★★★	GBD-TV2
ステラ（L）	658	20.5～22	★★★★	DBA-RN2
ステラ(L、LX)、ステラ カスタム(G、R)、ステラリベスタ	658	21.5～23	★★★★	DBA-RN2
フォレスター（2.0X、2.0XS）	1994	13.8～14	★★★★	DBA-SH5
フォレスター（2.0XS）	1994	12.6	★★★★	DBA-SH5
フォレスター（2.0XT）	1994	12.2～13	★★★★	CBA-SH5
レガシィ B4（2.0GT）	1994	13	★★★	CBA-BL5
レガシィ B4(2.0GT、2.0GT EyeSight)	1994	13	★★★	CBA-BL5
レガシィ B4(2.0GTspec.B)	1994	11～11.4	★★★	CBA-BL5
レガシィ B4（2.0i）	1994	14	★★★	CBA-BL5
レガシィ B4(2.5i、2.5i SI-Cruise)	2457	13	★★★★	DBA-BL9
レガシィ アウトバック(2.5i、2.5i Si-Cruise)	2457	13	★★★★	DBA-BP9
レガシィ アウトバック(3.0R EyeSight)	2999	11	★★★★	DBA-BPE
レガシィ ツーリングワゴン(2.0GT)	1994	12.2～13	★★★	CBA-BP5
レガシィ ツーリングワゴン (2.0GT、2.0GT EyeSight)	1994	13	★★★	CBA-BP5
レガシィ ツーリング ワゴン(2.0GTspec.B)	1994	11～11.4	★★★	CBA-BP5
レガシィ ツーリングワゴン(2.0i)	1994	14	★★★	CBA-BP5
レガシィ ツーリングワゴン (2.0i、2.0i Casual edition)	1994	14	★★★	CBA-BP5

車　名	エンジン総排気量	10・15モード燃焼(km/l)	排出ガス規制等への適合	注記事項
レガシィ　ツーリングワゴン (2.5i、2.5i Si-Cruise)	2457	13	★★★★	DBA-BP9
レガシィ　ツーリングワゴン (3.0R EyeSight)	2999	11	★★★★	DBA-BPE

■ ホンダ

車　名	エンジン総排気量	10・15モード燃焼(km/l)	排出ガス規制等への適合	注記事項
CR-V (X,ZX,Zxi)	2354	11.6	★★★★	DBA-RE4
CR-V (ZL,ZIi)	2354	11.6	★★★★	DBA-RE3
FCX	—	低公害車		燃料電池車
アクティ トラック(ATTACK,SDX,TOWN)	656	16.6	★★★	GBD-HA7
アクティ トラック(SDX)	656	16.2	★★★	GBD-HA6
アクティ トラック(SDX,TOWN)	656	15.6	★★★	GBD-HA6
アクティ トラック(STD,SDX,TOWN)	656	17.6	★★★	GBD-HA6
アクティ バン(PRO-A,PRO-B,SDX)	656	15.8〜17	★★★	GBD-HH5
アコード(20EL,20A)	1998	13.6〜13.8	★★★★	DBA-CL7
アコードワゴン(20A)	1998	13.2〜13.4	★★★★	DBA-CM1
アコードワゴン(24EL)	2354	12.2	★★★★	DBA-CM2
エアウェイブ	1496	17〜18	★★★★	DBA-GJ2
エディックス(20X)	1998	13	★★★★	DBA-BE3
エリシオン プレステージ(S)	2354	10〜10.2	★★★★	DBA-RR2
エリシオン(MX,G AERO)	2354	10〜10.2	★★★★	DBA-RR2
エリシオン(VG)	2997	9.1〜9.8	★★★★	DBA-RR4
オデッセイ(L,M,S,B)	2354	11.2	★★★★	DBA-RB2
オデッセイ(M,L)	2354	12.2	★★★★	DBA-RB1
オデッセイ(S,B)	2354	11.6	★★★★	DBA-RB1
クロスロード(18L)	1799	13.8	★★★★	DBA-RT1
クロスロード(18X)	1799	13.4	★★★★	DBA-RT2
クロスロード(20X)	1997	13.2	★★★★	DBA-RT4
クロスロード(20X,20Xi)	1997	12.4〜13.8	★★★★	DBA-RA4
シビック(1.8G)	1799	16.2	★★★★	DBA-FD1
シビック(1.8G,1.8GL)	1799	17	★★★★	DBA-FD1
シビック(2.0GL)	1998	13.6	★★★★	DBA-FD2

車　名	エンジン総排気量	10・15モード燃焼(km/l)	排出ガス規制等への適合	注記事項
シビックハイブリッド(MX,MXB)	1339	28.5	★★★★	ハイブリッド自動車
シビックハイブリッド(MXB)	1339	31	★★★★	ハイブリッド自動車
シビックハイブリッド(MXST)	1339	26	★★★★	ハイブリッド自動車
ステップワゴン スパーダ(24SZ,24SZi)	2354	11.2～12.2	★★★★	DBA-RG4
ステップワゴン スパーダ(S,SZi)	1998	11.4～12.2	★★★★	DBA-RG2
ステップワゴン(B,G)	1998	11.6～12.6	★★★★	DBA-RG2
ストリーム(G)	1997	13.6～14.8	★★★★	DBA-RN9
ストリーム(G,RSZ)	1997	14.6	★★★★	DBA-RN8
ストリーム(RSZ)	1997	13.4	★★★★	DBA-RN9
ストリーム(X)	1799	13.8～14.8	★★★★	DBA-RN7
ストリーム(X,RSZ)	1799	13.6～14.6	★★★★	DBA-RN7
ゼスト(G TURBO)	658	18	★★★★	DBA-JE1
ゼスト(G,D)	658	19	★★★★	DBA-JE1
ゼスト(G,W,D)	658	18.6	★★★★	DBA-JE1
パートナー(EL,GL)	1496	15.4～16.4	★★★★	DBE-GJ4
バモスホビオ(Pro)	656	15.8～17	★★★	GBD-HJ1
フィット(G)	1339	24	★★★★	DBA-GE6
フィット(G,L)	1339	17～21.5	★★★★	DBA-GE7
フィット(RS)	1496	16.2～19.6	★★★★	DBA-GE9
フィットアリア(1.5A,1.5W)	1496	17.4～19	★★★★	DBA-GD9
フィットアリア(1.5W)	1496	18.4	★★★★	DBA-GD8
フリード(FLEX,FLEXiエアロ,FLEXiエアロ,X,Xiエアロ,G7人乗り,G8人乗り,Giエアロ7人乗り,Giエアロ8人乗り,Giエアロ)	1496	16.4	★★★★	DBA-GB3
フリード(FLEX,FLEXiエアロ,FLEXiエアロ,X,Xiエアロ,G7人乗り,Giエアロ7人乗り)	1496	14	★★★★	DBA-GB4
モビリオ(A,W)	1496	16.2～17	★★★★	DBA-GB2
モビリオ(X)	1496	16	★★★★	DBA-GB1
モビリオスパイク(A,AU,W)	1496	15.4～17.6	★★★★	DBA-GK2
モビリオスパイク(W)	1496	16.2	★★★★	DBA-GK1
ライフ(C,F)	658	18.6～20	★★★	CBA-JB6
ライフ(DIVA TURBO)	658	18.2	★★★★	DBA-JB7
ライフ(DIVA)	658	19	★★★★	DBA-JB5
ライフ(F TURBO)	658	18.8	★★★★	DBA-JB7

■マツダ

車　名	エンジン総排気量	10・15モード燃焼(km/l)	排出ガス規制等への適合	注記事項
AZ-ワゴン	658	18.2〜23.5	★★★〜★★★★	CBA-MJ22S
AZ-ワゴン カスタムスタイル	658	18.2〜23	★★★〜★★★★	CBA-MJ22S
MPV	2260	9.4〜12.2	★★★★	DBA-LY3P
アクセラ	1498	17.4〜18	★★★★	DBA-BK5P
アクセラ スポーツ	1498〜1998	13.6〜18	★★★★	DBA-BKEP
アテンザ スポーツ	1998〜2488	13〜14.2	★★★★	DBA-GH5FS
アテンザ スポーツワゴン	2488	13〜14.2	★★★★	DBA-GH5FW
アテンザ セダン	1998	14.2	★★★★	DBA-GHEFP
キャロル	658	19.4〜24	★★★〜★★★★	CBA-HB24S
スクラム バン	658	15.6	★★★	GBD-DG64V
スクラム バン	658	16.8	★★★	GBD-DG64V
スピアーノ	658	19.8	★★★	CBA-HF21S
タイタンCNG	4570	低公害車		天然ガス自動車
デミオ（13C）	1348	21	★★★★	DBA-DE3FS
デミオ（13C,13S）	1348	17.8	★★★★	DBA-DE3AS
デミオ（13C-V）	1348	23	★★★★	DBA-DE3FS
デミオ（13F,13C,13S）	1348	21	★★★★	DBA-DE3FS
デミオ（15C）	1498	20	★★★★	DBA-DE5FS
デミオ（15C,SPORT）	1498	19.4	★★★★	DBA-DE5FS
デミオ（SPORT）	1498	19.2	★★★★	DBA-DE5FS
ビアンテ（20CS, 20S）	1998	10.6〜12.8	★★★★	DBA-CCEAW
ビアンテ（23S）	2260	11.6	★★★★	DBA-CC3FW
ファミリア バン	1769	13.6〜16.6	★★★〜★★★★	CBF-BVHNY11
ファミリア バンCNG	1769	低公害車		天然ガス自動車
プレマシー	1998	11〜15	★★★★	DBA-CREW
ベリーサ	1498	17.2〜18.4	★★★★	DBA-DC5R

■三菱ふそうトラック・バス

車　名	エンジン総排気量	10・15モード燃焼(km/l)	排出ガス規制等への適合	注記事項
キャンターエコハイブリッド	2977	低公害車		ハイブリッド自動車
ふそうエアロスターエコハイブリッド	4899	低公害車		ハイブリッド自動車

出典：環境省グリーン購入法特定調達物品情報提供システム

*1 循環型社会の形成のためには、「再生品等の供給面の取組」に加え、「需要面からの取組が重要である」という観点から、平成12年5月に循環型社会形成推進基本法の個別法の1つとして「国等による環境物品等の調達の推進等に関する法律（グリーン購入法）」が制定された。

*2 同じ車種でも型式の違いによっては、排気ガスレベルや燃費基準を満たしていないものがある。特記事項に記された記号は左記レベルを満たした型式の1つ。また、低公害車の場合は、ここに燃料の種類を記している。

Appendix

索引

- 英数字
- ひらがな／カタカナ

■ あ・ア行

アウトプットシャフト ……………… 114
アコード ……………………………… 23
アッカーマン式ステアリング ……… 128
圧縮 …………………………………… 40
圧縮比 ……………………………… 42, 58
圧送式 ………………………………… 86
アッパーアーム ……………………… 138
アトキンソンサイクル ………………… 52
アルファロメオ ……………………… 31
アルフォンセ・ボー・ド・ロシャ …… 16
アルミホイール ……………………… 12
合わせガラス ………………………… 158
アンダーステアー …………………… 157
イグニッションコイル ………………… 94
いすゞ自動車 ………………………… 26
板ばね ………………………………… 136
インサイト …………………………… 48
インジェクター ……………………… 103
インテリジェントパーキングアシストシステム …181
インプットシャフト ………………… 114
ウィリヘルム・マイバッハ ………… 16, 18
ヴェロ ………………………………… 19
ウォータージャケット ………………… 82
ウォーターポンプ ……………………… 82
エアクリーナー ……………………… 98
エアコン ……………………………… 12
エアバッグ ………………………… 12, 154
エアフローメーター ………………… 104
エキゾーストノート ………………… 106
エタノールエンジン ………………… 174
エタン ………………………………… 172
エレメント …………………………… 98
エンジンオイル ……………………… 88
エンジン性能曲線 …………………… 79
オイルクーラー ……………………… 82
オイルクリーナー …………………… 86
オイルフィルター …………………… 86
往復スライダクランク機構 ………… 66
オートマチックトランスミッションフルード … 116
オーバーステア ……………………… 157

オーバーヘッドカムシャフト ………… 74
オーバーヘッドバルブ ………………… 74
オクタン価 …………………………… 58
オフセット衝突 ……………………… 148
オフセットピストン …………………… 64
オペル ………………………………… 30
オルタネーター …………………… 90, 92

■ か・カ行

カーカス ……………………………… 142
カーナビゲーションシステム ………… 12
快進社 ………………………………… 20
解体業者 ……………………………… 190
回転数 ………………………………… 78
カウンターシャフト ………………… 114
過給装置 ……………………………… 76
傘歯歯車 ……………………………… 120
ガス発生剤 …………………………… 154
可変バルブタイミング …………… 168, 170
可変バルブタイミング機構 …………… 73
カムシャフト ………………………… 74
カムノーズ …………………………… 72
渦流 ……………………………… 56, 57
カルロスゴーン ……………………… 23
カロッツエリア ……………………… 31
カローラ ……………………………… 23
環境仕様表 …………………………… 12
ギア式ポンプ ………………………… 86
機械式過給機 ………………………… 100
気化器 ………………………………… 102
逆位相 ………………………………… 144
キャビン ……………………………… 148
キャブレター ………………………… 102
吸気システム ………………………… 98
吸気バルブ …………………………… 72
強化ガラス …………………………… 158
空燃比 ………………………………… 104
クーリングフィン …………………… 82
空冷式 ………………………………… 82
駆動方式 ……………………………… 10
クライスラー ……………………… 19, 25

クラッチ	112
クラッチディスク	112
クランクアーム	68
クランク機構	66
クランクシャフト	54, 68
クランクピン	68
グリーン購入法	204
クルーズコントロールシステム	187
グローブ卿	176
軽自動車	14
軽油	39
ケナフ	146
減速比	10, 126
コイルスプリング	138
高輝度放電装置	151
高剛性	68
剛性	162
高度道路交通システム	156
高膨張比サイクル	52
後輪駆動	110
小型自動車	14
国瑞汽車	32
国民車構想	23
コスモスポーツ	44
混合気	40
コンテッサ	26
コンベックスヘッド	62
コンロッド	62

■ さ・サ行

サーモスタット	84
最高出力	10
最終減速装置	126
最小回転半径	10
最大トルク	10, 78
サイドエアバッグ	154
サイドドアビーム	148
サスペンション	10
差動歯車	120
三星（サムソン）自動車	32
サンギヤ	116
三元触媒コンバーター	108
三相交流同期モーター	50
シート	152
軸出力	10
シグナルジェネレーター	94
自動車型式指定申請書	10
自動車製造事業法	20
自動車リサイクル法	190
シトロエン	31
ジメチルエーテル	175
車検書	10
車両型式	10
シャレード	26
出力プーリー	118
シュレッダーダスト	190
潤滑系統	86
蒸気自動車	21
上死点	58
衝突安全ボディ	149
ショートストローク型	60
触媒コンバーター	108
諸元表	10
ショックアブソーバー	136
シリンダーブロック	54
シリンダーヘッド	54
シングルオーバーヘッドカムシャフト	75
シンクロメッシュ	114
水平対向エンジン	26, 70
水冷式	82
スーパーチャージャー	76, 100
スカート	60, 62
スキッシュ渦	56
スズキ	24, 26
スタビライザー	136
ステアリング	10
ステアリングホイール	128
ステータ	117
ストラットタイプ	138
ストラットロッド	140
ストローク	58
スパークプラグ	40, 96

項目	ページ
スバル360	23
スプリング	136
スポイラー	12
スポット溶接	148
スリックタイヤ	142
スリップ	36
スロットルバルブ	98
スワール流	56
寸法図	14
セタン価	177
セミトレーリング式	140
セルフスターター	19
セルモーター	90
セレクティブ4WD方式	124
先進安全自動車	188
センターディファレンシャル	124
選択摺動式	114
前輪駆動	110
騒音	162
掃気孔	46
走行支援道路システム	188
相互誘導	94
操舵角	128
総排気量	10
装備一覧表	12

た・タ行

項目	ページ
タービンホイール	100
タービンライナ	117
ターボチャージャー	76, 100
ターボラグ	100
台形クランク機構	66
ダイナモ	90, 92
対日援助見返資金融資	22
ダイハツ工業	26
ダイムラー	17, 18
隊列走行	187
タイロッド	128
脱兎号	20
ダットサン	21
ダブルウィッシュボーン	139

項目	ページ
ダブルオーバーヘッドカムシャフト	75
タペット	74
ダンパー	136
タンブル流	56
窒素酸化物	108
中華汽車	32
超音波ビーコン	156
長春第一汽車	32
直噴エンジン	170
直列エンジン	70
ツインカム	77
ディーゼルエンジン	39, 42
ディストリビューター	96
ディファレンシャルギヤ	120
大宇グループ	32
てこクランク機構	66
デフ	120
デフレクター型	62
点火順序	68
点火プラグ	40, 96
電気自動車	80
電磁クラッチ	118
電子制御制動力配分システム	134
電子マニフェスト制度	190
天然ガス車	172
同位相	144
同期噛合式	114
トーションバースプリング	136
独立懸架式	138
トロコイド式ポンプ	86
ドッグクラッチ	114
戸畑鋳物	20
トヨダ AA型	21
豊田喜一郎	34
豊田佐吉	34
豊田自動織機	24
トヨタ自動車	24
トヨタ トラックG1型	21
ドラム式	132
トランスミッション	114
トルク	78

トルクコンバーター	116
トレッド	14, 142
トレーリング式	140
東風	32

な・ナ行

ナックルアーム	128
鉛蓄電池	92
ニコラス・アウグスト・オットー	16
ニコラス・キューニョー	16, 17
ニッケル水素バッテリー	48, 92
日産自動車	20
日産バリューアッププラン	25
入力プーリー	118
燃焼室	54, 55
粘度	88
燃料消費率	10, 12
燃料タンク	102
燃料電池	164, 176
燃料電池自動車	80
ノーズダイブ	140
ノッキング	56, 57

は・ハ行

ハーシネス	164
バイアスタイヤ	142
ハイオクガソリン	58
バイオマスエタノール	174
排気ガス	106
排気孔	48
排気バルブ	72
廃棄物処理法	190
排出ガス認定レベル	13
ハイドロカーボン	108
ハイビーム	150
ハイブリッドシステム	166
ハイブリッドエンジン	38
白熱電球	150
破砕業者	190
バックガイドモニター	187
発光ダイオード	151

バッテリー	90
パテントモトールヴァーゲン	19
パナール・ルパッソール社	17
馬力	78
バルブ	40
バルブタイミング	169
バルブリフター	72
ハロゲン電球	150
パワーステアリング	130
半クラッチ	112
光ビーコン	156
引き取り業者	190
ピストンピン	62
ピストンリング	62
ピッチング	161
ピニオン	130
日野自動車	26
ピボット	140
現代（ヒュンダイ）	28, 32
フィアット	17, 31
フィリップ・レボン	16
フェラーリ	31
フォースリミッター	152
フォード	17
フォルクスワーゲン	19, 30
富士重工業	26
プジョー	31
普通自動車	14
プッシュロッド	74
フューエルタンク	102
フライホイール	55
プラネタリギヤ	115
プリウス	23, 48
プリテンショナー	152
フルトレーリング式	140
ブレーカー	142
ブレーキ	10
ブレーキシュー	132
ブレーキマスターバック	132
フレーム構造	148
プロパン	174

プロパンレギュレーター	175
プロペラシャフト	122
フロンガス	192
フロントエンジン・フロント駆動	70
フロントエンジン・リア駆動	70
フロン類回収業者	190
平行クランク機構	66
ベローズ型	84
変速比	10
ベンチュリ管	102
ベンツ	18
ペントルーフ型燃焼室	57
ヘンリー・フォード	18
ボア	58
ホイール	142
ホイールベース	14
膨張	42
放熱器	84
ボクサーエンジン	70
ボス	64
ボディー構造	148
ポルシェ911	70
ボルボ	25
ホンダ	25

ま・マ行

摩擦力	36
マツダ	24, 25
マニホールド	98
マニュアルトランスミッション	114
マフラー	106
三菱自動車	24
三菱ふそうトラックバス	25
ミラーサイクルエンジン	168
無鉛プレミアムガソリン	58
メカニカルスーパーチャージャー	100
モノコック構造	148

や・ヤ行

ヤマハ発動機	26
ユニバーサルジョイント	122
ヨーク	122
吉田式タクリー号	20

ら・ラ行

ラジアルタイヤ	142
ラジエーター	84
ラテラルロッド	140
ランチア	31
リード弁	46
リーフスプリング	136
リーンバーンエンジン	172
リクライニング機能	152
リコール隠し問題	25
リミテッドスリップディファレンシャル	120
リンク式	140
リンク装置	66
ルドルフ・ディーゼル	17
ルノー	31
ルマン	19
冷却装置	82
レガシーツーリングワゴン	26
レギュラーガソリン	38
レクサス	23
レシプロエンジン	38
ロアアーム	138
ロジウム	108
ロックアップクラッチ	116
ロバート・ボッシュ	18
ロータリーエンジン	38, 44
ローリング	161
ロールスロイス	19
ロングストローク型	60

わ・ワ行など

ワックスペレット型	84

英数字

2WD	110
2サイクルエンジン	38, 46
2輪駆動	110
3点式シートベルト	152

4WD	110, 124	NSU	44
4WS	144	O₂センサー	104
4サイクルエンジン	40	OHC	74
4リンク式	140	OHV	74
4輪駆動	110	PEM	178
ABS	134	PS	78
AFS	151	PSA	31
AHS	188	r.p.m.	78
ASV	188	RENESIS	44
ATF	116	RF	110
BIG3	28	RR	26, 110
BMW	30	RX－8	44
CVT	118	SAE	88
DAT車	20	SOHC	75
DME	177	SRS	154
DOHC	75	SUV	26
e-com	80	TDC	58
EBD	134	T型フォード	18
ECU	170	UVカット	158
ELV	190	VICS	156, 186
ETC	184	VTEC	170
FCV	80	VTEC-i	170
FF	70, 110	VVT	170
FFV	174	VW	30
FR	70, 110	V型エンジン	70
GM	19		
GPS	156		
HC	108		
HFC	136, 192		
HIDランプ	151		
HYUNDAI	28		
i-unit	146		
IMTS	187		
IRカット	158		
ITS	156, 184		
LED	151		
LLC	84		
MGローバー	30		
MIVEC	170		
MT	114		
NOx	108		

■参考■

○産業技術記念館
自動車や繊維機械の展示が中心。モノづくりの大切さがテーマ。
名古屋市西区則武新町4丁目1番35号
開館（9:00-17:00、月曜日及び年末年始休）
http://www.tcmit.org/

○トヨタ博物館
自動車の誕生から現在までのモータリゼーションの変遷を展示。
愛知県愛知郡長久手町大字大字長湫字横道41-100
開館（9:00-17:00、月曜日及び年末年始休）
http://www.toyota.co.jp/Museum/index-j.html

図解入門 よくわかる
最新自動車の基本と仕組み[第2版]

| 発行日 | 2009年 4月 1日 | 第1版第1刷 |

著 者　玉田 雅士／藤原 敬明

発行者　斉藤　和邦
発行所　株式会社 秀和システム
〒107-0062　東京都港区南青山1-26-1 寿光ビル5F
Tel 03-3470-4947（販売）
Fax 03-3405-7538

印刷所　日経印刷株式会社　　　　　Printed in Japan

ISBN978-4-7980-2249-9 C0053

定価はカバーに表示してあります。
乱丁本、落丁本はお取りかえいたします。
本書に関するご質問は、質問の内容、住所、氏名、電話番号を明記の上、当社編集部宛にFAX、または書面にてお送りください。お電話によるご質問は受け付けておりませんので、あらかじめご了承ください。